도시텃밭과 공동체 이야기

『2015 경기도 도시텃밭대상』 수상작품집

도시텃밭과 공동체 이야기

발행일	2015년 9월 1일
발행인	경기농림진흥재단 이사장 박수영
편집인	경기농림진흥재단 대표이사 최형근
펴낸곳	경기농림진흥재단
주소	경기도 수원시 장안구 경수대로 1128
전화	031.250.2700 팩스 031.250.2709
홈페이지	http://greencafe.gg.go.kr
글	조금단(오산텃밭지기들 프런티어)
사진	김수오(NoVo 촬영실장)
기획	이경균, 오강임(경기농림진흥재단 도농교류부)

편집	(주)환경과조경
출판	도서출판 한숲
주소	서울특별시 서초구 서초대로 62
전화	02.521.4626 팩스 02.521.4627

『2015 경기도 도시텃밭대상』 수상작품집

도시텃밭과 공동체 이야기

경기농림진흥재단
Gyeonggi Green & Agriculture Foundation

CONTENTS

도시텃밭에서 잃어버린 공동체를 찾아서_ 김인호　006
공모개요　016
심사평　020

최우수상

광주 광수중학교_ 광수중 스쿨팜　028
부천 대한노인회 부천시 소사구지회_ 송학경로당　036
수원 서호천의 친구들_ 서호천 시민생태농장　044
안양 정다운 골목_ 정다운 골목　052

우수상

고양 도시농업네트워크_ 고양청소년농부학교　062
성남 행복마을샘터_ 청솔초 텃밭동아리　068
수원 매여울단체연합회_ 사랑나눔텃밭　074
용인 한일초등학교_ 학교텃밭　080
화성 정남중학교_ 푸르메 생태교실　086

특별상 배움상

과천 관문초등학교_ 관문농장　094
남양주 예봉초등학교_ 예봉 알곡키움터　098

성남 이우학교_ 더불어 텃밭 102

수원 수원북중학교 특수학급_ 와이파이 텃밭정원 106

시흥 시립능곡어린이집_ 시립능곡 영차텃밭 110

시흥 연성초등학교_ 학교텃밭 114

파주 광일중학교_ 청소년농부학교 씨앗 118

화성 능동고등학교_ 그린다이져 122

과천 시니어클럽_ 즐거운 주말농장 126

과천 식생활교육네트워크협동조합_ 토종종자와 함께하는 텃밭사랑 130

광주 토마토평화마을협동조합_ 퇴촌 토마토평화마을 134

구리 수택1동주민자치위원회_ 사랑나눔 주말농장 138

남양주 남녀새마을협의회_ 진접읍 남녀새마을협의회 텃밭 142

성남 공동육아모임_ 덩더쿵 어린이집 146

수원 꽃뫼버들마을 나누며가꾸기회_ 꽃뫼마을 어울림 텃밭 150

안산 단원사랑_ 두렁두렁 나눔텃밭 154

성남 최원학가족_ 옥상 미니정원 158

수원 사회적기업 팝그린 원예교육지도사 모임_ 너를 위한 마음텃밭 162

안양 도시농업포럼_ 공동체텃밭 166

의왕 도시농부포럼_ 흙살림 땅살림 170

도시텃밭 공동체 프런티어 현장심사단 참가후기 174

도시텃밭에서 잃어버린 공동체를 찾아서

김인호(도시텃밭대상 심사위원장, 신구대학교식물원 원장)

왜 지금 공동체인가 ?

최근 마을, 지역, 공동체|에 대한 관심이 많아지고 있다. 이것은 우리 사회가 마을공동체를 구성하기 힘든 사회, 공동체의식이 상실된 개인주의 사회라는 것을 반증하는 것이다. 우리의 관심에는 그럴만한 이유가 있다. 우리 사회가 살맛나는 곳이 되기 위해 새로운 가치가 필요하기 때문이다.

우리나라는 예로부터 마을, 두레, 계모임 등을 통해 전통사회에서 공동체 규범이 활성화되었으나, 서구의 개인주의 경향과 지난 50여 년간 지속된 산업화와 도시화에 따른 가치관의 변화로 인해 심각한 공동체 붕괴현상을 겪어오고 있다. 농촌은 사람과 돈이 빠져나가 비어버린지 오래고, 도시는 너무 과밀화되고 있다. 과밀화된 도시는 개인주의가 보편화되어 삭막한 공간이 되어 버렸다. 결국 모두 찬란한 경제성장으로 공동체를 잃은 셈이다.

오늘날 사회는 양적 팽창과 질적 발전의 불균형, 소수가 주도하는 변화와 다수에 의한 합의 부족, 경쟁사회와 낙오자, 양극화와 고령화 등 다양한 문제에 직면해있다. 이에 최근 '더불어 사는 삶'이라는 깃

발 아래 주거, 교통, 의료, 교육, 환경문제 등을 지역공동체의 회복을 통해 해결하려는 움직임이 새롭게 일어나고 있다. 공동체를 매개로 지역사회의 다양한 주체들이 유기적으로 연계협력하고, 아래로부터 주체적이고 자발적으로 지역사회를 재구성하려는 의지가 생겨나고 있다.

공동체란 어떤 것일까? 공동체에 대한 정의는 무수히 많고 다양하지만 공통적으로 의미하는 내용이

---

1. 공동체(Community)라는 용어는 14세기 영어권에서부터 사용하기 시작했고, communis에서 기원한 라틴어인 communites에서 발생하였고, 같은 환경을 공유하고 같은 관심사를 갖는 사회집단을 의미한다.

있다. 대개 지역공동체는 공동체 구성원 간에 지역이라는 공간을 공유하는 것을 바탕으로 한다. 공통의 신념과 목표를 지향하며, 구성원들 간의 긴밀한 상호작용을 통한 전인격적인 관계형성을 기반으로 하는 집단을 일컫는다. 이는 생활환경과 문화, 공간의 역사, 그리고 일상생활을 공유한다는 의미를 지닌다. 따라서 지역공동체 구성원들은 비슷한 생활모습, 의식, 가치, 행위양식, 정체성을 공유하는 정도가 높은 것이 일반적인 양상이다. 지역공동체란 구성원 간 공동의 결속력 아래 공동체 구성원의 삶의 질을 유지, 개선하고 공통의 사회경제적 이익을 보호하는 목적을 가진 결사체이며, 이를 바탕으로 사회 전체적인 소속감과 상호호혜성을 생산할 수 있는 사회적 상호작용이 이루어지는 최소한의 단위라고 할 수 있다.

인간의 삶에 있어서 공동체는 매우 중요한 의미를 가진다. 첫째, 인간은 혼자 살 수 없으며 이웃과 함께 할 때 더 나은 삶을 영위할 수 있다. 둘째, 이웃과 공유하는 일상생활을 통해 자신의 존재 가치와 주체성을 찾을 수 있다. 공동체를 통해서 사회적 관계를 이루고 동시에 자신의 주체성을 찾는 것이 인간의 삶이므로 결국 공동체는 인간다움의 기본요건임을 의미한다. 그래서 지금 우리에게는 공동체가 무엇보다 필요하다.

도시텃밭과 공동체

많은 문헌과 연구결과들은 도시텃밭에서 공동체형성, 공동체회복, 공동체성 등의 가능성을 높이 평가하고 있다. 도시텃밭으로 대변되는 도시농업[2]은 다층적 의의와 효과를 거두고도 공동체라는 사회자본을 축적할 수 있다고 제시되고 있는 것이다. 여기에서 우리는 도시텃밭이 실제로 공동체를 만들어 내고 있는지 주목할 필요가 있다. 그동안 산업화와 도시화를 통해 잃어버린 공동체를 도시텃밭을 통해 다시 만들고 회복할 수 있는지를 꼼꼼히 검토하고 살펴봐야 한다.

최근에 정의되는 도시농업은 그 이상의 것들이 포함되어 다양한 언어로 해석되고 있다. 먼저, 도시농업은 도시민이 참여주체로 관계를 맺는다는 것이다. 도시농업의 주체는 도시민이다. 도시민은 생산된 것을 단순히 소비하는 차원을 넘어 도시활동과 생산활동의 주체로 도시 구성원이 될 수 있다.

또한, 도시농업은 도시민을 대상으로 하는 생활농업으로써 도시 내 주거지 주변 도시텃밭에서 친환경 유기농법을 통해 안전한 먹거리를 생산할 뿐만 아니라 도시환경 회복에 기여한다. 비교적 가까운 거리에서 쉽게 농업체험을 한다는 점과 스스로 농산물을 길러내 안전한 먹거리를 얻는다는 점에서 일반적인 농업에 비해 큰 이점을 갖는다.

도시텃밭은 공동체를 형성하고 지속하는데 안성맞춤이다. 혼자가 아닌 공동으로 텃밭을 가꿔가는 과정을 살펴보면 해답이 있다. 도시텃밭 가꾸기는 일정한 장소에서 작물의 씨뿌리기, 거름 만들고 거름주기, 수확하기 등을 실행한다. 이러한 활동은 적절한 햇빛과 물, 그리고 건강한 토양을 기반으로 한 실습인 만큼 비슷한 시간대를 공유하면서 할 수 있다. 도시텃밭 활동을 통해 서로 만날 수 있는 기회가 많아지고, 공유해야 할 나름의 텃밭 재배 기술과 노하우들이 교환될 수 있다. 텃밭을 가꾸면서 바로 옆에서 이야기도 쉽게 나눌 수 있다. 함께 땀과 노동을 체험하면서, 인간의 본능적 경작 DNA를 확인하고, 동질감과 유대감을 얻는다. 노동의 대가로 얻어지는 생산물을 통해 성취감을 나눌 수 있어 상호 애착과 보람도 느낀다. 도시텃밭 활동은 매년 되풀이되면서 다른 어떤 활동보다 지속성이 높다.

도시텃밭은 도심 속에서 사회적 자본을 창출하는 하나의 공간으로 작용한다. 도시텃밭 공간에서 개

---

2. 도시농업은 말 그대로 도시에서 행해지는 농업활동(도시에서 짓는 농사)이란 의미로 볼 수 있다. 이는 현재 도시농업, 도시텃밭, 도시농장, 시민농원 등 다양한 언어로 불리고 있다. 이 중 가장 통용되는 용어는 도시농업이다.

인은 자신의 일상적 환경을 스스로 조성해 가면서 '자부심'과 '자발적 참여의지'를 키울 수 있으며, 주변 지역민과 함께 텃밭공간을 아름답게 조성해가면서 주변 거주민들 간의 '공동체 의식'이 향상된다. 또한 도시텃밭에서의 활동은 함께 참여하는 이들과 공통 주제에 대한 대화의 기회를 가져오고, 지속적인 대화는 지역민들이 지역사회의 문제들에 관심을 갖게 하면서 공동체를 형성하고 건강한 사회를 만드는데 중요한 역할을 한다.

도시텃밭은 지역 외부의 조직이나 단체, 개인 등 지역 내 거주민과 지역 외부의 도시민들이 함께 모일 수 있는 공공의 장소를 제공해주고 '사회적 연결망'을 형성하며, 이들을 '조직화'하는데 기여한다. 지역공동체가 조직화되어 다양한 지역 문제를 해결하고자 하는 접근은 소속감 내지 책임감, 자부심을 통해 나타나는 사회적 연대감을 창조하거나 증가시키는 것을 의미한다.[3]

최근 들어 급증하고 있는 도시텃밭 관련 사업은 도시텃밭을 통한 공동체 회복 기능이 부각됨으로 인해 지역공동체, 마을공동체 활성화를 위한 매개수단으로 도시텃밭을 활용하려는 흐름이 있다. 도시텃밭은 단순히 생산기능 뿐만이 아닌 도시민들의 여가와 레저, 문화적 기능을 동시에 가지며 도심 속에서 크고 작은 공동체를 형성하고, 기존 공동체를 재활성화 시키는 등 공동체 문화를 형성할 수 있는 가

능성을 보여준다.[4]

공동체 구성요소와 공동체의식

서울시 조사결과[5] 도시농업의 가장 중요한 효과는 '공동체 의식 증진'으로 나타났다. 이러한 결과는 개인화되고 단절되어가는 도시에서 텃밭활동은 다양한 계층의 도시민들의 참여와 소통을 통해 공동의 문제를 해결해 나가는 대안이 될 수 있음을 뜻한다.

하지만, 도시텃밭이 늘 공동체를 활성화하지는 못한다. 도시텃밭 구성원들이 공동체를 지향하지 않거나 약하게 형성되어 지속되지 못하는 도시텃밭 공동체들도 있다. 우선 도시텃밭 공동체를 좀 더 들여다보고, 공동체를 활성화하는데 중요한 역할을 하는 요소들이 무엇인지를 알아내어, 향후 도시텃밭을 통해 정말 공동체가 활성화될 수 있는 효율적인 방안을 모색할 필요가 있다.

우선, 공동체의 구성요소는 물리적 요소, 사회적 요소, 연대의식 그리고 자족성 등 네 가지로 설정할 수 있다. 물리적 요소는 공동체가 특정 공간을 기반으로 하고 있다는 점에서 나타나는 지역성을 의미하는 것이며, 사회적 요소는 공동체가 구성원들 간의 사회적 상호작용을 통해 집단적 정체성과 구성원 상호간의 연대감이 조성되는 점을 기반으로 하고 있다는 점에서 이웃 간의 사적교류 또는 집단의 목적을 위해 행해지는 협동 활동이다. 연대의식[6]은 상호작용 결과로 나타나는 안정감이나 일치감과 같은

---

3. 노희영(2012), "도시텃밭의 공동체 활성화 영향요인에 관한 연구", 서울대학교 환경대학원 석사논문, pp. 21~22, 재구성함
4. 노희영(2012), 위의 글
5. 서울시립대와 서울그린트러스트가 상자텃밭결과보고서(2010)에서 사업대상인 서울시의 개인 및 단체들에 대해 조사를 실시한 결과임
6. 연대의식은 공동체에 대한 의미론적 관점에서 가장 중요한 특성을 지닌다. 현대사회에서 공동체의 가장 중요한 의미는 구성원들이 연대 의식을 갖는 것이다. 그러므로 공동체의 개념이 어떤 형태로 분절되더라도 공동체의 목표인 공동의 연대의식을 포함하지 않으면 그것은 공동체라 일컬어질 수 없다(강대기, 2004).

심리적 현상을 말하며, 구성원들이 공유하는 규범적 차원의 가치, 신념, 규범, 목표 등이 연대의식에 포함된다. 자족성은 공동체의 역동적 변화와 유기체적 속성에 대한 개념으로 공동체가 스스로를 유지하고 발전해 나가기 위해 운영위원회를 조직하고 각종 활동들을 추진하는 것을 의미한다.[7]

공동체의 자족성을 강화하여 공동체가 원활히 유지되고 자생적으로 활동하기 위해서는 공동체 내에 관리조직이 존재하여 구성원들을 하나로 묶을 수 있는 공동의 목표를 설정하고, 구성원들의 결합을 증진시킬 수 있는 프로그램이 구성되어야 한다. 따라서 공동체를 원활히 유지하고 활성화시키기 위해서는 공동체 내의 관리조직의 역할이 매우 중요하다.

한정된 공간에 함께 생활하는 주민들이 어떻게 하면 서로를 알고 나아가서 서로 돕는 공동체를 형성할 것인가 하는 방법을 탐색하기 위한 개념이 바로 공동체의식(Sense of Community)[8]이다. 즉, 공동체의식은 여타 공동체의 상황과 수준을 가늠하는 지표인 셈이다.

도시텃밭을 통한 공동체 활성화 방안 제안

도시텃밭은 참여 과정에서 어떻게 협력할 것인가를 배우는 이상적 장소가 되고 있다. 정보와 수확물을 나누는 과정에서 새로운 인간관계가 형성되고 있으며, 이러한 상호작용을 통해 공동체가 만들어진다. 도시텃밭의 지속성은 이러한 공동체 형성에 있으며, 도시텃밭 공간이 하나의 '공동체 문화 공간'으로 거듭나는 것에 있다. 이를 위해서는 공동체 구성원의 입장을 고려한 계획과 공동체의 특징을 전제로 한 공동체 중심의 체계적인 시스템 계획이 필요하다.

도시텃밭 구성원들이 공동체를 형성하고, 공동체를 활성화하기 위해서는 도시텃밭 프로그램 운영이 핵심이다. 그런데, 구슬이 서 말이어도 꿰어야 보배란 말처럼, 누군가가 나서서 도시텃밭을 통해 공동체의식이 높아질 수 있도록 체계적인 기회를 마련해 주고, 공동체의식을 향상시킬 수 있는 맞춤형 판을 깔아서 도시텃밭에 참여하는 구성원들이 상호작용이 일어날 수 있도록 촉매하는 역할이 필요하다.

---

7. 박태호(2012), "도시텃밭의 운영프로그램이 참여자의 공동체의식에 미치는 영향-서울시 도시텃밭을 중심으로", 서울시립대 석사학위논문, pp. 19~26.을 재구성함
8. 공동체의식의 네 가지 요소를 정리해보면, 공동체의식은 구성원으로서의 소속감과 이에 바탕을 둔 책임의식, 공동체와 자신이 서로 상호작용하고 있다는 의식, 공동체로부터 얻게 되는 물질적, 심리적 욕구 충족감, 상호호혜성과 연대의식의 기반이 되는 공동체에 대한 정서적 친밀감으로 구성된 것이라 할 수 있다.

여기서 고려해야 할 것은 도시텃밭 운영동기에 따라 공동체의식이 천차만별이고 다양하다는 것이다. 그렇기 때문에 운영동기 유형별로 수준에 맞는 적절한 프로그램이 필요하다. 도시텃밭 운영동기에 따른 유형은 크게 4가지로 구분할 수 있다. 거주지 공동체를 증진하기 위해 운영하는 텃밭인 "거주지텃밭형", 모임의 친목을 도모하기 위해 운영하는 텃밭인 "모임텃밭형", 텃밭활용만을 목적으로 분양받아 운영하는 텃밭인 "주말농장형", 체험학습 등 교육적 활용을 목적으로 운영하는 텃밭인 "교육텃밭형"이 그것이다(표 1 참조).

　　이들의 경우 운영동기에 따라 공동체의식의 수준이 다르기 때문에 투입되어야 할 도시텃밭 프로그램에 차이가 있다. 즉, 수준별로 맞춤형 프로그램을 도입해야 효과가 높을 수 있다는 것이다.

　　프로그램은 어떤 것들이 있을까? 기존 연구내용들을 종합적으로 정리한 결과, 도시텃밭의 공동체 활성화 프로그램은 크게 5가지로 제안할 수 있다. 텃밭교육프로그램, 지역나눔봉사프로그램, 예술문화프로그램, 텃밭운영프로그램, 지역사회연계프로그램이 그것이다(표 2 참조). 이들 프로그램은 상호연계성이 높아 두부썰 듯 명확하게 구분되지 않은 내용도 있지만 최대공약수로 정리를 하였다. 제시된 프로그램이외에도 물리적 시설물, 공간디자인과 같은 하드웨어적 요소도 필요하고, 변수로 개인 단체의 적극성이나 텃밭 참여자의 특성도 개입될 수 있다. 도시텃밭 공동체를 활성화한다는 것이 쉽지만은 않기도 한 일이라 여러 변수와 상수가 공존한다.

　　도시텃밭이 도시의 공동체의식을 높이는 중요한 탈출구의 하나이기 때문에 도시텃밭을 통한 공동체 활성화는 좀 더 조직적이고 체계적인 접근이 필요하다. 도시텃밭을 통한 공동체 의식 증진에 대한 사회적 요구와 필요는 사회적 일자리를 만들어내는 견인차 역할도 할 것으로 기대된다. 이미 경기농림진흥재단에서는 도시텃밭 공동체 활성화를 매개하기 위한 인적자원인 "도시텃밭공동체 프런티어"제

표 1. 도시텃밭 운영동기에 따른 유형 분류

구분	거주지텃밭형	모임텃밭형	주말농장형	교육텃밭형
텃밭운영동기	거주자공동체를 증진하기 위해 운영하는 텃밭	모임의 친목을 도모하기 위해 운영하는 텃밭	텃밭활용만을 목적으로 분양받아 운영하는 텃밭	체험학습 등 교육적활용을 목적으로 운영하는 텃밭
장소	거주지 내, 인근	도시 내, 근교	도시근교	학교 내,외
공동체의식	높음	매우 높음	낮음	보통

표 2. 도시텃밭 공동체 활성화 프로그램 사례

구분	내용
텃밭교육 프로그램	도시농업의 이해 / 모종키우기 / 생태농사의 원리 / 토양학 / 퇴비만들기 /텃밭설계 / 제철농사짓기 / 천연병해충방제 / 채종과 갈무리 / 농기구 사용과 관리 등
지역나눔봉사 프로그램	수확물 나눠주기 / 물물교환 / 절임식품만들기 / 음식만들어 나눠먹기 / 팜파티 / 꽃차 / 허브식초만들기 / 김장배추 나눔행사 / 직거래 장터 / 지역봉사활동 참여하기 등
예술문화 프로그램	시농제(윷놀이, 풍년기원제사, 풍물놀이) / 텃밭갈무리 / 텃밭음악회 / 동네예술제 / 문화예술전문가 초청행사 등
텃밭운영 프로그램	정기모임 / 텃밭이용자 온라인 채널 구축 / 텃밭운영위원회구성 / 텃밭운영규칙정하기 / 시설개선요구 / 공동텃밭운영 / 이벤트 기획 등
지역사회연계 프로그램	행정기관의 연계 / 전문가참여 / NGO연계 / 타 공동체와 네트워크 / 민관협력 / 지역장터 /지역축제 / 지역시설연계 / 지역행사 참여 등

도를 운영하고 있다. 프런티어의 도움을 기다리는 도시텃밭이 늘어나고, 역량있는 프런티어의 활동을 통해 공동체를 지향하는 도시텃밭이 증가하여 마을과 지역의 공동체의식이 높아지길 기대한다. 이제 우리도 조금은 따뜻하고 살맛나는 사회를 꿈꿔봐도 되지 않을까?

제2회 경기도 도시텃밭대상 공모개요

1. 공모개요

○ 공모전명 : 제2회 경기도 도시텃밭대상

○ 공모기간 : 2015년 3월 9일(월) ~ 5월 16일(토)

○ 공모내용 : 여럿이 함께 가꾸는 공동체 텃밭

응모구분	응모 대 상
텃밭 유형	상자텃밭, 베란다텃밭, 옥상텃밭, 자투리땅, 마당, 텃밭공원 내 텃밭 학교농장, 실버 · 다자녀 · 다문화 가족농장 등
텃밭 장소	▶ 아파트 · 공동주택 · 오피스텔, 주민자치회 등 마을 공동텃밭 등 ▶ 사무실, 학교, 유치원, 병원, 은행, 공장 등의 직장(회사) 텃밭

○ 응모자격 : 모임 및 단체

　 – 경기도 내 소재한 텃밭을 가꾸는 모든 모임 및 단체

　 – 텃밭 성장과정을 설명과 함께 사진으로 기록 가능해야 힘

○ 응모서류 : 공모전 참가신청서(사진포함), 개인정보 수집 · 이용에 대한 동의서

○ 접수방법 : 이메일 접수(sorae17@nate.com)

○ 시상내역 : 총 29개소, 21,000,000원, 상장 및 상패 수여

구 분	상 금	총 상금
최우수상(4개소)	1,500,000원	6,000,000원
우수상(5개소)	1,000,000원	5,000,000원
특별상(20개소)	500,000원	10,000,000원
합 계(총 29개)		21,000,000원

※특별상 : 배움상(8), 어울림상(8), 땀흘림상(4)

※분야별 시상을 원칙으로 하되, 분야별 입상작이 없을 경우 통합하여 시상

2. 접수결과

○ 응모작 수 : 총 143점

○ 소재지별 응모작품수

시 · 군	작품수	시 · 군	작품수
고양시	7	안성시	4
과천시	4	안양시	6
광명시	3	양주시	1
광주시	4	연천군	1
구리시	1	오산시	1
김포시	2	용인시	10
남양주시	9	의왕시	4
부천시	6	의정부시	2
성남시	11	파주시	3
수원시	36	평택시	3
시흥시	9	포천시	1
안산시	7	화성시	8

미접수지역(8) : 가평, 군포, 동두천, 양평, 여주, 이천, 하남

○ 공동체유형별 응모작품수

텃밭유형	세부내용	작품수
주말농장	교육농장	12
	모임, 단체농장	50
	소 계	62
교육공간	대학교	3
	고등학교	2
	중학교	11
	초등학교	28
	유치원	4
	어린이집	7
	소 계	55
직장농장	직장 내 옥상, 노지 등	11
아파트	상자, 노지 등	7
개인농장	옥상, 베란다, 농장 등	8
합 계		143

3. 심사일정

심사방향

○ 체계적이고 객관적인 심사기준과 평가지표 설정과 더불어, 심사의 전문성과 효율성을 확보

심사절차

○ 3차에 걸친 전문가 심사와 도시텃밭 공동체 프런티어의 현장심사 등을 통해 심사의 전문성과 효율성 확보

구분	세부내용	주체
사업공모 및 접수	– 도시텃밭대상 홍보 및 모집공고 – 포스터, 온라인이벤트, 협조공문 등을 통해 홍보	재단
1차 심사협의 (2015. 5. 18)	– 신청서류현황보고 및 심사방향, 시상내역 검토	전문가심사단 프런티어현장심사단
2차 프런티어 현장심사 (2015. 5. 19 ~ 5. 29)	– 전문가 현장심사를 위한 자료작성 및 인터뷰진행	프런티어현장심사단
3차 서류심사 (2015. 6. 1)	– 진문가 현장심사대상지 선정	전문가심사단 프런티어현장심사단
4차 전문가 현장심사 (2015. 6. 2 ~ 6. 6)	– 접수대상지 컨설팅 및 인터뷰를 위한 현장심사	전문가심사단
5차 최종심사 (2015. 6. 9)	– 수상 대상지 상격 결정	전문가심사단
결과발표 (2015. 6. 10)	– 선정결과 통보(홈페이지 게시, 문자메시지)	재단

심사기준 : 공동체성(50), 친환경성(30), 지속가능성(20)

공동체성(50)

텃밭의 규모 및 부지현황, 참여인원, 도시농업을 함께 하기 위한 텃밭운영방법, 회원참여 및 교류방법, 이벤트 및 프로그램, 수확물 활용 방법 등 현장확인 및 인터뷰

친환경성(30)

환경친화적인 농법을 사용함으로써, 안전한 농산물 생산, 농자재 안전 관리 등 생활환경이 오염되지 않도록 하는지 여부 확인 및 인터뷰

지속가능성(20)

도시민이 농업에 대한 충분한 이해를 통해 도시와 농촌이 함께 발전할 수 있도록 텃밭을 가꾸는지 여부 확인 및 인터뷰

4. 시상식

○ 일 시 : 2015년 9월 1일(화) 13:00 ~ 14:00
○ 장 소 : 경기도문화의전당 소극장
○ 시상식 시 각 수상지별 상장 및 상패 수여
○ 시상식 시 로비에 수상작 사진전시회를 통해 우수사례 공유
○ 우수 텃밭의 지속적인 홍보를 위하여 '수상작품집' 제작 및 판매

심사평

김인호(도시텃밭대상 심사위원장, 신구대학교식물원 원장)

2015년 봄은 무척 가물었다. 식물원 원장인 나에게 5월 가뭄은 늘 안타까움 이상의 어려움이었다. 아마도 올해 도시텃밭대상 신청자들도 그러했을 것이다. 가뭄을 이겨내고 도시텃밭을 공동체가 함께 가꾸고 일구는 생생한 모습을 제2회 도시텃밭대상 심사를 통해 만날 수 있었다.

제1회 도시텃밭대상에도 심사위원으로 참여한 나는 제2회 도시텃밭대상에서 물씬 다른 분위기를 느꼈다. 제1회 도시텃밭대상은 내집, 내직장 부문을 나누어서 텃밭의 디자인, 기술적인 부분, 활용방안 등에 초점을 두었다면, 제2회 도시텃밭대상은 민선 6기 경기도 정책사업인 "따복 공동체"와 연계하여 "텃밭의 공동체성"에 중점을 두었다는 것이 가장 큰 변화였다.

이번 심사 기준은 "도시농업 육성 및 지원에 관한 법률"의 제정 취지와 맥락을 같이 하였다. 제1조 목적에서 도시농업은 자연친화적인 도시환경을 조성하고, 도시민의 농업에 대한 이해를 높여 도시와 농촌이 함께 발전하는 데 기여하기 위해 육성함을 밝히고 있으며, 제13조에 도시농업공동체의 등록 및 지원에서 도시농업을 함께 하기 위하여 자율적으로 단체를 구성하도록 지원하고 있다. 제1조의 친

이양주
경기연구원
경영기획본부장

김진기
경기도 따복공동체지원단
총괄팀장

이기택
경기도 농업기술원
농촌자원과 농촌지도관

김덕일
푸른경기21실천협의회
운영위원장

김인호
신구대학교식물원
원장

이복자
(사)텃밭보급소
이사장

2015 도시텃밭대상 심사위원

환경성과 지속가능성, 제13조의 공동체성이 올해 도시텃밭대상의 심사기준이 되었다.

2015년 3월 9일부터 5월 16일까지 69일간의 접수기간 동안 총 143개소의 도시텃밭이 응모를 하였다. 예상보다 많은 신청자들을 통해 경기도 도시텃밭의 뜨거운 열기를 체감할 수 있었다. 신청건수를 유형별로 살펴보면, 주말농장 등 주택 주변의 근린생활권에 위치한 토지 등을 활용한 근린생활권 도시농업이 72건(50%), 유치원·어린이집, 초, 중, 고등학교 등 교육공간에서 이루어지는 학교교육형 도시농업이 55건(38%), 개인주택, 아파트 인접한 곳의 토지를 활용하는 주택활용형 도시농업이 15건(11%), 농장형·공원형 도시농업 1건(1%)이었다.

이번 심사의 하이라이트는 "도시텃밭 공동체 프런티어"의 현장심사단 활동이었다. 도시텃밭 공동체 프런티어는 도시농업 현장에서 공동체 활동을 지원하는 도시농업전문가로써 지난 4월 21일 100인이 발대식을 하여 본격적으로 활동을 시작하였다. 프런티어 운영기관의 추천으로 구성된 '도시텃밭 공동체 프런티어 현장심사단' 12명이 약 2주일 동안 전체 응모대상지 143개소를 발로 뛰며 도시텃

밭 현장을 확인하고 인터뷰를 하였다. 약 300페이지가 넘는 현장조사표는 향후 도시텃밭을 통한 공동체 활동을 지원하는데 기초자료로 활용될 수 있을 것이라 기대한다.

　전체 심사는 총 6회에 걸쳐 꼼꼼하게 진행되었다. 심사단 사전모임, 프런티어 현장심사단의 현장심사, 그리고, 프런티어 현장심사단과 전문가심사단이 모두 모여 8시간에 걸친 심사를 통해 입상작을 선정하였다. 이후 전문가심사단의 현장심사를 거쳐 최종 상격(賞格)을 결정하였다. 일련의 심사과정은 하나하나가 진지하고 치열하였다. 도시텃밭 현장은 텃밭에 참여하는 구성원에겐 나름의 사연과 공동체성을 기반으로 활동하고 있어서 우열을 가려 입상작을 선정하고 상격을 결정하는 것이 여간 어려

운 일이 아니었다. 최종적으로 선정된 입상작들의 상격은 공동체의 이야기와 활동들이 다른 도시텃밭에도 귀감이 될 수 있는지 여부를 가장 우선적으로 고려하였다.

최종적으로 29개 도시텃밭이 수상의 영광을 안았다. 올해 대상을 선정하지는 못했지만 서호천의 친구들의 '서호천 시민생태농장', 광수중학교의 '광수중 스쿨팜', 대한노인회 부천시 소사구지회의 '송학경로당'과 안양의 정다운 골목이 4개소가 최우수상을 받았다. 서호천의 친구들은 서호천을 살리기 위해 모인 환경단체로 서호천을 살리기 위한 활동과 더불어 자투리땅의 쓰레기를 치우고 텃밭을 만들어 회원들에게 분양하며 포트럭파티, 월 정기모임 등을 통해 회원들의 친목도모와 사랑방 역

할을 하는 점이 높이 평가되었다. 광수중학교는 텃밭의 수확물을 이용하여 지역의 '나눔의 집' 위안부 할머니를 위한 '평화의 식탁'이라는 봉사프로그램을 진행하였다. 대한노인회 부천시 소사구지회는 어르신들이 텃밭을 통해 홀로 사는 이웃 어르신을 돕고, 아이들의 텃밭체험 프로그램을 운영하는 등 시니어들의 새로운 사회참여 모델이 되는 사례였다.

안양 정다운골목은 무섭고 쓰레기가 나뒹구는 평범한 골목길을 한 주민의 제안으로 상자텃밭을 가꾸기 시작하며, 주민들의 표정이 바뀌고, 대화가 늘고, 아이들이 찾아와 골목놀이를 하는 등 놀라운 변화를 보여주었다. 이와 같은 사례들이 주말농장, 학교농장, 상자텃밭을 하는 다른 도시텃밭 공동체에도 벤치마킹되어 2016년에는 더 많은 텃밭 공동체에 수상의 영광이 함께 하길 기대한다. 도시 텃밭을 통해 얻어지는 건강한 먹거리 수확물로 본인과 가족의 건강도 찾고, 잃어버린 공동체도 다시 찾아서, 어렵고 힘든 사회가 아닌 밝고 대화가 넘치는 따뜻한 사회로 변화하길 기대한다.

제2회 도시텃밭대상 수상자목록

텃밭운영단체명	텃밭이름
최우수상 : 상장 및 상금 150만원	
광주 광수중학교	광수중 스쿨팜
부천 대한노인회 부천시 소사구지회	송학경로당
수원 서호천의 친구들	서호천 시민생태농장
안양 정다운 골목	정다운 골목
우수상 : 상장 및 상금 100만원	
고양 도시농업네트워크	고양청소년농부학교
성남 행복마을샘터	청솔초 텃밭동아리
수원 매여울단체연합회	사랑나눔텃밭
용인 한일초등학교	학교텃밭
화성 정남중학교	푸르메 생태교실
특별상(배움상) : 상장 및 상금 50만원	
과천 관문초등학교	관문농장
남양주 예봉초등학교	예봉 알곡키움터
성남 이우학교	더불어텃밭
수원 수원북중학교 특수학급	와이파이 텃밭정원
시흥 시립능곡어린이집	시립능곡 영차텃밭
시흥 연성초등학교	학교텃밭
파주 광일중학교	청소년농부학교 씨앗
화성 능동고등학교	그린다이져
특별상(어울림상) : 상장 및 상금 50만원	
과천 시니어클럽	즐거운 주말농장
과천 식생활교육네트워크협동조합	토종종자와 함께하는 텃밭사랑
광주 토마토평화마을협동조합	퇴촌 토마토평화마을
구리 수택1동주민자치위원회	사랑나눔 주말농장
남양주 남녀새마을협의회	진접읍 남녀새마을협의회 텃밭
성남 공동육아모임	덩더쿵 어린이집
수원 꽃뫼마을 나누며가꾸기회	꽃뫼마을 어울림 텃밭
안산 단원사랑	두렁두렁 나눔텃밭
특별상(땀흘림상) : 상장 및 상금 50만원	
성남 최원학가족	옥상 미니정원
수원 사회적기업 팝그린 원예교육지도사 모임	너를 위한 마음텃밭
안양 도시농업포럼	공동체텃밭
의왕 도시농부포럼	흙살림 땅살림

도시텃밭과 공동체 이야기

 최우수상

광주 광수중학교_ 광수중 스쿨팜　028
부천 대한노인회 부천시 소사구지회_ 송학경로당　036
수원 서호천의 친구들_ 서호천 시민생태농장　044
안양 정다운 골목_ 정다운 골목　052

광수중 스쿨팜

광주 광수중학교

텃밭에서 시작하는
'가나다' 광수중 이야기
가치를 나누기 위해 다함께 하기

위치 : 경기도 광주시 퇴촌면 도수길 23번길 23
면적 : 1,345.6m²
텃밭유형 : 교육텃밭형
주요작물 : 감자, 상추, 옥수수, 고구마, 배추 외
수상자 : 광수중학교

"텃밭 가꾸기를 통해 자연과 생명의 소중함을 배운 아이들이
자신이 가꾼 채소를 지역의 이웃에게 나누는 활동에 참여함으로써
더불어 살아가는 의미를 되새기는 소중한 시간을 공유하고 있습니다."

아이들이 큰 목소리로 "사랑합니다"라고 인사하고, 선생님도 "사랑합니다"라고 인사하며 하루를 시작하는 광수중학교는 '마을, 공동체, 평화'라는 가치를 '학교농장'을 중심으로 실천하고 있습니다. 이를 위해 학교의 담장을 헐고 학교 텃밭(400평)을 학부모 및 마을 주민에게 분양함으로써 적극적 소통을 시작했습니다. 학교농장 조성을 위한 설명회를 통해 학부모와 학교농장 조성의 목적을 공유하고, 학교를 매개로 한 마을공동체 복원과 평화로운 마을 공동체 만들기를 추진했습니다.

학교농장은 학교에 농작물을 재배할 수 있는 공간을 만들어 학생들에게 농업에 대한 체험과 지식을 제공하고 농업과 농촌의 중요성을 인식시키며, 아울러 학교 구성원들과의 협동과 건강한 상호작용을 목적으로 조성하는 공동체 정원입니다.

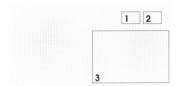

1~3. 나눔이 자라는 학교 농장

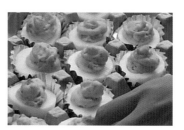

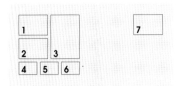

1~7. 나눔스토리 그리고 평화의 식탁

　광수중의 학생들은 '가치를 나누기 위해 다함께 하기'라는 '가나다' 봉사를 통해 공동체 정원의 의미를 확장해 자신들이 키운 채소를 지역에 나누는 과정에 참여하고 있습니다. 지역의 독거노인에게 채소 나누기, 한솥밥 먹기, 김장 나누기… 학생들과 마을사람들이 먹거리를 나누고 서로의 이야기에 귀 기울이고… 그렇게 자신들이 속한 지역에 대한 이해와 애정을 배우고, 지역민들은 아이들을 품는 어른의 역할을 해나갑니다. 퇴촌 나눔의 집에서 함께 하는 평화의 식탁은 나눔의 집 위안부 할머니들의 말씀을 듣고 이야기를 나누고 할머니께 음식을 대접하며, 그렇게 할머니들께 다가가는 과정을 통해 우리의 사회적 고통을 어떻게 이해하고 바라봐야 하는지를 다 같이 고민하는 시간이 되고 있습니다. 밥을 나누는 과정을 통해 삶을 나누는 과정을 함께 하고 있는 셈이죠. 이 평화의 식탁을 위해 아이들은 채소를 가꾸고, 마을 어른들은 평화와 나눔을 함께 공부하며 아이들이 차리는 평화의 식탁이 풍성하도록 힘을 보탭니다. 나누는 기쁨을 아는 아이들이 자라 지역의 일꾼이 됨을 믿는 마을 어른들은 아이들의 좋은 본보기입니다.

"평화와 생태가 살아있는 광수중학교, 그러나 그 길에 도깨비 방망이는 없습니다. 마을과 학교가 만들어 갈 뿐… 마을 문화가 변해야 아이들이 달라지고 삶의 질도 향상됩니다. 마을 공동체 회복을 위한 고민을 광수중학교가 앞장서서 하겠습니다. 저희 학교의 비전은 배움과 돌봄이 살아있는 마음공동체 평화학교입니다. 그래서 광수중학교는 퇴촌, 남종의 마을공동체를 복원하는 데 굉장히 관심이 있어요. 특히 여기가 나눔의 집이 있고 팔당호 주변 자연생태지역이잖아요. 생태환경과 나눔의 집을 중심으로 한 평화… 이 마을 자체가 평화마을, 생태마을이 되기를 바랍니다"라는 장재근 교장선생님의 말씀에 광수중이 지역사회 배움터로, 지역사회 교육공동체의 중심으로 역할을 하고자 하는 의지와 바람이 담겨 있습니다.

PROGRAM

퇴촌 나눔의 집에서 위안부 할머니들과 함께 하는 '평화의 식탁' 행사 외에 지역의 독거 노인에게 채소 나누기, 한솥밥 먹기, 김장 나누기 등의 나눔 활동을 진행하고 있습니다.

광수중의 평화, 생태, 생명, 나눔 교육

구자천 선생님

도시농업(학교 텃밭 가꾸기)을 통해 평화, 생태, 생명, 나눔 교육을 실시하고자 2012년도 경기농림진흥재단의 도움을 받아 학교농장을 조성하였습니다. 학교농장은 한솥밥 먹기, 나눔 행사 등 다채로운 교육 활동으로 학생들의 인성 교육에 큰 역할을 담당해 왔습니다. 특히 '평화의 식탁 나눔' 행사에 학교 텃밭에서 가꾼 작물을 이용해서 위안부 할머니 방문 활동을 하는 등 마을 구성원과 소통하고 지속적인 유대를 강화함으로써 평화로운 마을 만들기에 기여하고 있습니다.

또한 '나눔 스토리' 소식지에 평화의 가치와 의미를 담아 지역공동체와 공유하는 뜻 깊은 활동을 하고 있습니다. 이러한 활동을 통해 경기농림진흥재단에서 주최한 '도시텃밭대상' 공모전에서 최우수상을 수상하게 되어 너무 기쁘고 행복합니다.

우리가 실천할 의지를 새기고 행동으로 옮긴 첫걸음이었다는 점에 의의를 두고, 이를 밑거름 삼아 더 배우고 고민한다면 언젠가는 퇴촌 마을의 자연을 사랑하고 보전하며 퇴촌 마을에서 배운 것을 실천하는 환경 · 평화 시민이 되지 않을까 기대해 봅니다. 이 상을 주신 경기농림진흥재단에 광수중학교를 대표하여 깊은 감사의 말씀을 전합니다.

송학경로당

부천 대한노인회
부천시 소사구지회

여가 활동을 넘어선 어르신들의 사회봉사
텃밭은 물론 아이들을 위한 자연학습장도 조성

위치 : 부천시 소사구 송내2동 산 55, 57번지 일대
면적 : 1,652m²
텃밭유형 : 모임텃밭형
주요작물 : 무, 배추, 시금치 외
수상자 : 송학경로당

"노인이 된다는 것은 사회와 가정으로부터 소외와 탈락이 아니라 새로운 전환입니다.
어르신들의 활동과 선행, 그리고 늙음을 새로운 기회로 여기는
경로당 어르신들의 미담을 소개합니다."

송학경로당 청정채소밭은 2010년 부천시 송내동 성주산 끝자락에 대한 경작 허가를 소유주로부터
받은 후, 어르신들이 함께 야산을 개간하고 텃밭을 일구는 과정을 통해 만들어졌습니다. 여든이 넘은
어르신들이 여가 활동을 넘어 지역사회 봉사라는 목적으로 유휴지를 텃밭으로 가꾼 것은 특별한 의미
가 있습니다. 이곳에는 단순한 텃밭 이외에 특별한 것들이 있기 때문입니다. 93세의 고령의 윤경노 회
장님과 여러 어르신들이 지역경로당과 독거노인들에게 나누어 줄 채소를 가꾸는 것은 물론, 텃밭을 방
문하는 아이들에게 나누어 줄 꽃도 가꾸고 계십니다. 이뿐이 아닙니다. 도시에서 태어나고 자란 어린이
들을 위해 자연학습장을 만들고, 어르신들이 스스로 해설사가 되어 자연의 섭리와 이치를 아이들의 눈
높이에 맞추어 설명해주며 어르신들의 따뜻한 마음을 전하고 있습니다.

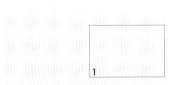

1. 텃밭에서 만난 어르신들

　자연이 주는 넉넉함을 자연스럽게 배우는 과정을 통해 어린이들과 어르신들은 서로를 보고파 하는 친구가 되었습니다. 자연학습장을 다녀가는 어린 친구들의 손에는 채송화, 봉숭아, 맨드라미 화분이 들려있습니다. 어르신들이 마음을 담아 정성껏 가꾼 화분 하나하나에는 특별함이 담겨있고, 이것을 받은 어린 친구와 가족에게도 무언가 따스함이 전해지는 사랑의 선물입니다.

　송학경로당에서 색다른 것은 이외에도 또 있습니다. 성주산 둘레길을 오르는 청소년들에게는 특별한 쓰레기봉투가 전해집니다. 둘레길을 다녀오는 길에 주변의 쓰레기를 담아오면 어르신들이 수확한 채소를 나누어 줍니다. 그렇게 둘레길을 찾는 청소년과 어르신들이 자연스럽게 가까워지게 되면서 이곳은 지역 청소년들의 쉼터로 자리 잡았습니다. 세대 차이를 극복한 좋은 사례로도 회자되고 있습니다.

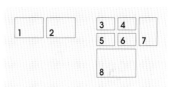

1.2. 텃밭은 어르신들의 놀이터
3~8. 텃밭 어르신들의 건강한 노동과 나눔

무조건 시키기만 하는 것이 아니라, 작지만 실천에 대한 구체적인 칭찬을 통해, 그것도 어르신들이 직접 가꾼 먹거리를 건네며 전하는 '참 잘했어'라는 칭찬은 자라는 청소년들에게 더없이 좋은 격려가 되고 있습니다.

지역사회에서 어른으로만 대우받기를 청하지 않고, 도리어 자신이 속한 지역사회에 내어 줄 것을 찾은 송학경로당 어르신들의 건강한 에너지는 스스로의 몸과 마음은 물론 지역사회의 건강성을 회복하는 밑거름이 되고 있습니다. 가을걷이한 무, 배추, 파, 갓으로 지역 부녀회와 자원봉사 학생들과 함께 김장을 담그고 지역 독거노인에게 전달하는 특별한 어르신들이기도 합니다. 주변을 위해 헌신하는 어르신들의 청춘을 응원합니다.

PROGRAM

텃밭 이외에 어린이들을 위한 자연학습장을 운영하고 있고(어르신들이 해설사로 활동), 아이들에게 직접 키운 농작물은 물론 채송화, 봉숭아, 맨드라미 화분도 선물하고 있습니다.

100세 시대를 살아가는 봉사 활동

윤경노 송학경로당 회장

 서기 1923년생이니까, 올해로 제 나이가 93세입니다. 저는 건강한 몸으로 일상생활은 물론 사회에 조그마한 봉사 활동을 열심히 하고 있는 보잘 것 없는 할아버지입니다. 저의 건강 비결은 사계절 냉수마찰이 아닌가 싶습니다.

앞으로도 저는 건강이 허락하고 힘닿는 한, 사회에서 소외당하고 어려운 생활환경 때문에 힘들어하는 독거노인을 도와드리려고 합니다. 그리고 초등학교와 유치원 어린이들과 지속적인 만남을 갖고, 지금하고 있는 코스모스와 봉선화를 예쁜 화분에 길러 나누어 주는 일을 꾸준히 할 생각입니다. 성주산에 버려진 쓰레기를 수거하는 생활교육도 하고 있습니다. 별로 사회에 한 일도 없는 할아버지에게 큰 상을 주셔서 무한한 감사를 드립니다. 앞으로 대상에 보답하는 차원에서 더 열심히 봉사활동을 하겠습니다.

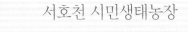

서호천 시민생태농장

수원 서호천의 친구들

'서호천의 친구들'이 가꾼
텃밭 이야기, 사람이야기
정이 넘치는 먹거리
나눔 잔치와 텃밭 사랑방

위치 : 경기도 수원시 장안구 천천로 138 일대
면적 : 650m^2
텃밭유형 : 모임텃밭형
주요작물 : 고추, 쌈채소, 토마토, 마늘, 감자 외
수상자 : 윤진석

"도심 내의 방치된 자투리땅을 공동체 텃밭으로 가꿔
자연과 사람을, 사람과 사람을 이어주는 공간으로 탈바꿈시킴으로써
도시농업이 공동체 문화에 중요한 역할을 할 수 있음을 보여 주었습니다."

　　서호천 시민생태농장은 수원시 장안구 천천동 483-5번지 일대입니다. SKC서문 다리 앞, 약 300평 정도의 자투리땅. 도시개발 이후 불법 투기된 쓰레기로 하천변 환경과 주거 환경에 악영향을 주던 곳이었습니다. 바로 이곳에 수원시의 대표적 환경시민단체인 '서호천의 친구들'이 힘을 모아 쓰레기를 치우고 작은 텃밭을 만들었습니다. 지역주민들과 함께 호흡할 수 있는 공간이 없을까, 특히 자라나는 아이들이 서호천 주변에서 뛰어 놀 수 있는 공간으로 무엇이 좋을까를 고민한 결과물입니다. 텃밭은 지역 주민과 회원들에게 분양하여 안전한 먹거리를 스스로 생산한다는 자부심과 텃밭을 가꾸는 이웃 주민들이 함께 소통하는 즐거움이 가득한 공간이 되었습니다. 서호천의 친구들과 텃밭 가족이 텃밭 작물과 먹거리를 함께 나누는 '먹거리 나눔 잔치'는 마을이라는 울타리가 사라진 도시에서 다시 공동체를 만드는 출발점이 되었습니다.

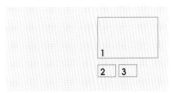

1~3. 버려진 자투리 땅이 생명이 자라는 텃밭으로

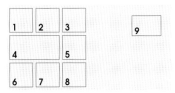

1~5. 서호천 시민생태농장의 일상
6~8. 사람이야기 나누는 텃밭사랑방
9. 서호천의 친구들

매년 봄, 서호천 시민생태농장 개장식과 더불어 진행되는 기원제에서는 농장의 풍년과 우리 마을의 안녕과 평화를 기원합니다. 이웃들이 모여 스스로 사업을 발굴하고, 함께 땀 흘리고, 이곳이 어떻게 변신할지를 함께 고민하는 것이 곧 하나의 마을만들기임을 확인하는 자리이기도 합니다. 도심 내 자투리 공간을 공동체 공간으로 재활용하여, 텃밭을 자연과 사람을 이어주는 공간으로 또 사람과 사람을 이어주는 공간으로 탈바꿈시킴으로써 도시농업이 공동체 문화를 확산시키는 데 중요한 역할을 할 수 있음을 보여주었습니다.

"텃밭에 오면 농사에 대해 이야기 나눌 사람이 필요하지요? 여기 그런 자리가 마련되어 있습니다. 언제냐고요? 매주 일요일 5~6시 사이입니다. 어디냐고요? 어디긴요, 바로 텃밭이죠. 텃밭에 오면 자기 밭만 둘러보고 가지 말고 차 한 잔이라도 같이 나눠보면 어떨까요? 정다운 이웃이 기다리고 있답니다."

한 회원의 제안과 헌신으로 시작된 '텃밭 사랑방'은 8월부터 10월까지 이어집니다. 매주 일요일 텃밭에는 텃밭 이웃들이 모입니다. 매주 누군가가 준비해오는 먹거리에 마음이 풍성해지고, 자연스럽게 이어지는 농사 정보 나누기도 쏠쏠합니다. 농부 신참들은 농사 베테랑들이 들려주는 농사 이야기에 시간가는 줄 모르고… 그렇게 텃밭 이야기, 사람 이야기가 풍성해져갑니다.

'서호천의 친구들'은 하늘과 땅과 물 그리고 거기에 터 잡은 사람들을 사랑하는 이들이 모여 날로 오염되어 가는 자연환경을 보존하고 생활환경을 개선하여 주민들의 삶의 질을 향상시키고 더 나아가 마을공동체를 복원, 우리의 아이들에게 살기 좋은 삶의 터전을 물려주는 것을 꿈꿉니다.

─PROGRAM─

시민생태농장 개장식(매년 봄)에서 풍년과 마을의 안녕을 기원하는 기원제를 지내고 있고, 매주 일요일(8~10월)에는 먹거리와 농사 정보를 나누는 '텃밭 사랑방'을 열고 있습니다.

서호천의 친구들

윤진석

감사하고, 고맙습니다. '도시텃밭대상' 최우수상에 선정되었다는 것이 매우 자랑스럽고 뿌듯합니다. 저희 '서호천의 친구들'에서 운영하고 있는 서호천 시민생태농장이 경기도에서 가장 빛나는 상을 받을 수 있도록 1차부터 최종 5차까지 객관적이고 공정한 심사를 해주신 심사위원분들과 '2015 경기도 도시텃밭대상'을 수상할 수 있는 계기를 마련해주신 경기농림진흥재단의 관계자분들께도 감사의 마음을 전합니다. 특히 저희들과 함께 서호천 시민생태농장을 가꾸고 사랑하며 텃밭에서 가족과 함께 이웃간 따뜻한 정을 나누며 도시농업 활동을 하시는 서호천의 친구들 운영위원님들과 텃밭 회원들께 깊은 감사를 드립니다. 또한 그동안 서호천 시민생태농장 조성을 위하여 헌신해주신 모든 분들께도 본 상을 수상한 성과를 함께 나누고 싶습니다.

저희 서호천 시민생태농장은 아파트로 둘러싸여 버려져 있던 자투리땅을 주민들이 힘을 모아 가꾸어 지금의 결실을 얻게 되었습니다. 도시민들은 도심 속 서호천 시민생태농장에서 농업에 대한 이해를 통해 농작물의 소중함을 피부로 느낌은 물론, 친환경적인 농산물 생산 방법을 활용하여 환경을 지키며 안전한 먹거리를 함께 가꾸고 있습니다. 나아가 텃밭을 가꾸는 분들과 함께 먹거리 나눔 행사를 통해 이웃간 상호 교류를 활성화하고, 공동 텃밭의 작물을 주변의 어려운 이웃들에게도 함께 나누어주어 사회적 나눔 활동에도 기여를 하고 있습니다. 이제 서호천 시민생태농장은 도시텃밭대상 최우수상의 위상에 걸맞게 더욱 환경친화적이고 지속가능하며 공동체성 복원을 위해서 노력하는 도시농업 안내자가 되겠습니다.

정다운 골목

안양 정다운 골목

마을, 텃밭, 그리고 사람을 만나다.
사람농사도 짓는 정이 넘치는 골목길에서

위치 : 안양시 동안구 일동로 204번길 22-6 일대
면적 : 상자텃밭 40개 정도
텃밭유형 : 거주지텃밭형
주요작물 : 수세미, 작두콩, 상추, 쑥갓, 부추 외
수상자 : 정후교

"쓰레기가 뒹굴고 주차된 차량 때문에 답답하던 골목길에 상자텃밭이 들어오면서 작지만 소중한 변화가 시작되었습니다. 텃밭을 가꾸면서 서로 인사를 나누고 흙을 만지면서 얻은 마음의 평안을 나누는, 사람의 정이 익어가는 골목길이 되었습니다."

'정다운 골목'은 안양시 관양동에 위치한 2층 단독주택 8가구가 마주하고 있는 작은 골목입니다. 주차된 차와 쓰레기가 뒹굴던 이곳에 상자텃밭이 들어오면서 골목의 변화가 시작되었습니다.

4월, 아무것도 자라지 않는 삭막한 회색 도시를 거부하며, 주민들과 의견을 모아 골목에 있는 차량을 다른 곳으로 이동 주차하고 그곳에 상자텃밭 놓을 자리를 마련했습니다. 이곳은 아이들이 지나가는 통학로이기도 합니다. 바로 그 골목에서 마을 사람들과 아이들이 함께 상자텃밭을 직접 만들면서 의미를 담았습니다. 6월, 앞집 할머니의 맛있는 커피, 아이를 위한 엄마들의 마음까지 모여 힘들지만 재미있게 상자텃밭에 모종을 심었습니다. 상자텃밭에서 상추, 고추, 배추, 시금치 등의 농작물이 자라면서 마을에 변화가 시작되었습니다.

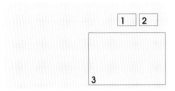

1. 텃밭을 가꾸기 전의 골목
2. 상자텃밭 만드는 날
3. 골목길에서 즐겁게 노는 아이들

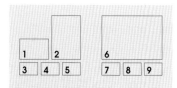

1. 마을학교가 열린 날
2~5. 함께 만드는 골목 텃밭이야기
6~9. 정다운 골목을 만들어가는 정성어린 손길들

삭막한 회색 공간이 점차 녹색으로 변신하면서 텃밭을 돌보는 골목 주민들의 일상에도 변화가 찾아왔습니다. 7월, 지나가는 바람에서 봄이 지나가고 여름이 도착했음을 실감합니다. 골목 텃밭도 여름이 왔음을 알려줍니다. 바로 작물 자라는 소리가 더 크게 들리기 시작한 겁니다. 8월, 하루가 다르게 변하는 골목은 꼬마 친구들의 놀이터가 됩니다. 토란잎에 물방울을 또르륵 굴리며 노는 아이들, 골목에 그려진 사방치기에서 온몸으로 뛰어 노는 아이들의 웃음소리로 골목의 한여름은 싱싱합니다. 9월, 골목에서 빚는 송편은 특별합니다. 골목이 마당이 되고 그 마당에서 사람들이 함께 나눌 송편을 빚습니다. 마음을 빚는 것이죠. 10월, 골목에서 가을이 깊어갑니다. 사람의 정도 익어갑니다.

PROGRAM

마을 어른들이 선생님이 되어, 골목에서 만나는 아이들을 위한 제철요리 교실, 절기음식 만들기를 다함께 진행하고 있습니다.

정다운 골목

정후교

우리 동네 이름은 '정다운 골목'입니다. 8집이 마주보고 살고 있습니다. 골목대장인 터줏대감 지훈이 할머니네, 손끝이 여문 함양 언니네, 골목 일은 앞장서서 도와주는 민지네, 꽃을 예쁘게 가꿔서 골목을 환하게 밝혀 주는 성복이네, 늘 도와주려고 애쓰는 동규네, 작은 일에도 마음 내어 주시는 현우 할머니네, 골목에 무슨 일이 생기면 달려오는 앞집 은솔이 할머니네, 쉬는 날마다 마을의 굳은 일을 도맡아 주시는 민지네 집에 살고 계시는 아저씨, 많은 분들께 도움을 받는 우리집 태남이네까지.

이렇게 좋은 사람들이 살고 있는 골목에서 다시 소박하고, 원대한 꿈을 함께 만들고 싶습니다. "앞으로 우리 아이들이 살아갈 지속 가능한 마을, 삶터와 일터가 공존하는 마을, 어린 아이를 뒷짐 지고 따라가는 어른들이 있는 마을, 지나가던 아이들과 인사를 주고 받는 어른들이 사는 마을을 이 작은 "정다운 골목"에서 만들고 싶습니다. 그날까지 이 골목의 사람들이 모두 오래도록 함께 살았으면 합니다.

도시텃밭과 공동체 이야기

고양 도시농업네트워크_ 고양청소년농부학교 062

성남 행복마을샘터_ 청솔초 텃밭동아리 068

수원 매여울단체연합회_ 사랑나눔텃밭 074

용인 한일초등학교_ 학교텃밭 080

화성 정남중학교_ 푸르메 생태교실 086

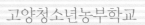
고양청소년농부학교

고양 도시
농업네트워크

청소년농부학교, 닻을 올리다.
농사와 인문학을 접목한
'나를 찾아 떠나는 텃밭 여행'

위치 : 고양시 일산서구 송포로 425번길
면적 : 462m²
텃밭유형 : 교육텃밭형
주요작물 : 잎채소, 열매채소, 뿌리채소
수상자 : 김상준

"농장 활동을 통해서
학생들이 스스로의 존엄성을 회복하고 주체적으로
자신의 삶을 돌볼 수 있는 힘을 키울 수 있으리라고 믿고 있습니다."

고양도시농업네트워크에서는 전국에서 처음으로 청소년농부학교를 열었습니다. 일산 가좌농장에서 12살부터 17살까지의 학생 50명이 함께 모둠별로 20평 규모의 텃밭에 여러 작물을 키우고, 봄부터 겨울까지 계절별로 공동텃밭 60평에 마늘과 양파, 감자, 땅콩, 고구마 농사를 짓고 있습니다. 수확한 작물 가운데 일부는 지역아동센터나 쉼터에 기부하고, 나머지는 농장에서 직접 요리해 먹고, 장터에 나가 판매할 계획입니다. 학생들이 스스로 농작물을 재배하고, 또 팔아보면서 자신의 삶을 좀 더 주체적으로 돌볼 수 있는 힘을 키웁니다. 텃밭에서 아이들은 경쟁하지 않습니다. 학교에서는 성적으로 줄세워졌지만 이곳에서는 그렇지 않습니다. 공부는 꼴찌여도 텃밭에선 힘만 잘 써도 대우받습니다. 힘 없고 싸움 못해서 위축되던 아이도 텃밭에서는 일머리로 아이들 사이에서 우두머리가 됩니다.

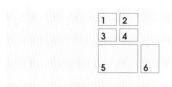

1~6. 청소년 농부가 가꾸는 공동텃밭

텃밭에서 몸으로 맺는 관계는 경쟁이 아닌 협동과 상생의 관계입니다. 땀 흘려가며 일을 하다보면 서로 돕고 배려할 수 밖에 없습니다. 작물을 제대로 키우기 위해서는 늘 주변을 살펴야 하고 서로서로 호흡을 맞춰야 합니다. 경쟁 관계에서는 가치를 따지게 되지만 협동과 상생의 관계에서는 그런 질문 자체가 무의미합니다. 성실하게 일하는 게 최고의 미덕입니다. '나를 찾아 떠나는 텃밭 여행'이라는 부제에서 알 수 있듯 농사만 짓는 프로그램이 아니라 도시농업전문가, 인문학자, 작가, 심리학자, 직업상담사, 교사가 강사로 참여해 농사와 인문학을 접목한 프로그램을 진행하고 있습니다. 청소년농부학교의 지향점은 농사, 텃밭에만 있지 않습니다. 농사를 매개로 아이들이 주체성을 회복하고 서로가 서로를 돌보면서 공동체를 꿈꿀 수 있는 장을 제공하는 것입니다.

PROGRAM

인문학자, 심리학자, 직업상담사 등이 강사로 참여해 농사와 인문학을 접목한 '나를 찾아 떠나는 텃밭 여행'을 진행하고 있고, 수확한 작물의 일부는 쉼터 등에 기부하고 있습니다.

고양청소년농부학교

김상준

혹시나 하는 마음으로 '도시텃밭대상' 공모전에 응모를 했는데 우수상을 받다니, 고양청소년농부학교 만들길 참 잘했다는 생각이 듭니다. 고양도시농업네트워크에서 오랫동안 함께 농사를 지어온 이들이 모여서 청소년농부학교를 만들게 된 건 아이들의 삶에 힘을 실어주기 위해서였습니다. 농사를 매개로 아이들이 주체적이고 자주적인 어른으로 성장하고, 서로가 서로를 돌보고 보살피는 게 자연의 이치라는 걸 깨달을 수 있다면 얼마나 좋을까요. 그런 바람에서 열악한 환경에 굴하지 않고 꿋꿋하게 청소년농부학교를 이끌어왔던 저희들에게 도시텃밭대상 우수상 수상 소식은 적잖은 힘이 되었습니다. 상을 받았다는 뿌듯함을 떠나서 우리가 참 소중한 일을 하고 있구나 하는 생각이 들었기 때문입니다. 애초에 공모전에 응모를 하게 된 계기도 청소년농부학교가 전국 방방곡곡에 생겨났으면 하는 바람에서였습니다. 텃밭에서 자존감을 회복해 나가는 아이들을 곁에서 지켜보면 농사가 교육의 새로운 모델이 될 수 있다는 걸 실감할 수 있었습니다. 텃밭에 선 아이들의 얼굴은 자연 그 자체입니다. 아이들은 가르치지 않아도 스스로 배웁니다. 아이들이 더 많이 배울 수 있도록 더욱 다양한 마당을 만들어 주는 건 어른들의 몫이라고 생각합니다. 그래서 저희들은 당장은 아니지만 농장에 목공실과 조리실과 의상실을 만들어서 아이들이 자급자족을 실현할 수 있는 어른으로 성장할 수 있는 터전을 제공하는 꿈을 꾸고 있습니다. 뜻밖의 수상 소식에 모두가 깜짝 놀라고 기뻐했지만 이제는 마음껏 자랑하고 다닐 생각입니다. 우리 이러이러해서 이런 상 받았다 하고 자랑을 하다 보면 그럼 우리도 해볼까 하는 사람들이 생겨날지도 모르니까요.

청솔초 텃밭동아리

성남
행복마을샘터

텃밭에서 함께 키우는 우리마을 아이들
작물을 키우고 공감하고 놀면서
커지는 몸과 마음

위치 : 성남시 분당구 미금로 216
면적 : 165m²
텃밭유형 : 교육텃밭형
주요작물 : 고추, 가지, 방울토마토, 치커리, 땅콩 외
수상자 : 행복마을샘터

"텃밭이라는 놀이감을 통해 아이들이 생명의 소중함을 알아가고,
서로 협력하며 즐겁게 놀고 배우며 마을 공동체의 일원으로서
사회에 참여할 수 있는 기회를 주고자 상자텃밭 활동을 시작했습니다."

'함께 크는 텃밭'은 성남시 분당구 금곡동 청솔마을 9단지에 있는 청솔초등학교 텃밭동아리입니다. 어린 농부들은 매주 화·목·금요일 방과 후, 놀이터 앞에 마련된 상자텃밭에서 자유롭게 의논하고 협력하며 만들고 놉니다. 작물을 스스로 선택하고 심고 가꾸며 경작 본능을 마음껏 발산하는 아이들, 사교육으로 만들어지는 창의력이 아닌 텃밭에서 작물을 키우며 공감하고 놀면서 몸과 마음 그리고 생각도 키웁니다. 아이들이 행복하게 놀고 있는 모습 속에 웃음꽃이, 사람꽃이 활짝 피어납니다.

"행복마을샘터 함께 크는 텃밭"은 청솔초등학교 어린이들이 주도적으로 텃밭을 만들어가고, 엄마선생님들과 마을공동체가 지지해 줍니다. 상자텃밭과 자루텃밭에는 친구들이 키우고 싶은 작물도 심겨 있고, 그것을 지키는 텃밭지킴이(아이들이 좋아하는 공룡)도 있습니다.

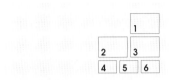

1. 노인정 어르신과 함께 하는 관찰용 텃밭
2. 탄천에 논을 만들었어요.
3~6. 엄마선생님과 함께 하는 마을학교

상자텃밭의 흙을 채우기부터 작물 선정, 모종 심기 등 모든 활동은 아이들 스스로 주도적으로 진행합니다. 친구 작물을 정해 이름을 짓고, 자라는 것을 관찰하고 글과 그림으로 작물과의 교감을 기록하며 생명의 소중함과 소통을 배웁니다. 혼자가 아닌 함께하는 모둠 활동을 통해 물주기 순번을 논의하고, 이름표를 제작하고, 텃밭일지를 작성하고, 마인드맵을 작성하며 생각을 키웁니다. 함께 키운 작물을 마을 사람들과 나누는 '쌈쌈 데이', 한 달에 한 번씩 진행되는 '마을 게릴라 가드닝'은 새로운 마을 문화를 만들고 있습니다. 마을활동가인 엄마선생님들의 헌신과 인내력으로 함께 크는 텃밭이 만들어집니다.

PROGRAM

화 · 목 · 금요일 방과 후 아이들이 직접 텃밭을 관리하고 있으며, 함께 키운 작물을 마을 사람들과 나누는 '쌈쌈 데이'와 '마을 게릴라 가드닝'을 통해 새로운 마을 문화를 만들고 있습니다.

함께 크는 텃밭

권정미 이웃사랑공동체 행복마을샘터

농자천하지대본農者天下之大本, 농업農業은 천하天下의 사람들이 살아가는 큰 근본根本이라고들 합니다. 또한 내면의 숨은 뜻으로 농자農者(시간의 흐름을 깨닫는 자)가 천하의 모든 일을 하는 데 으뜸 기본이 된다고도 하더군요. '함께 크는 텃밭'은 콘크리트 빌딩 숲에서 학부모와 어린이가 '농자'를 경험하는 훈련장소입니다. 상자텃밭은 생명의 기초인 먹거리를 직접 심고 가꾸는 시간 속에서 어린이들이 식물의 성장 과정에서 생명과 교감하는 감성을 키워가고 있습니다. '함께 크는 텃밭'은 사람이 꽃이며, 관계가 생명력이고, 마을은 이웃들이 하나 되어 힘을 집중시켜 만드는 사람꽃밭이라는 생각을 실천하고 있습니다.

짧은 경작 기간에 비해, 기대보다 큰 상은 참여한 우리 모두에게 큰 기쁨과 격려가 되었습니다. 많은 회원들이 텃밭을 사랑하는 마음과 공동체 회복을 위해 함께한 시간은 나눔의 즐거움을 깨닫게 해준 행복한 시간이었습니다. 청솔초등학교 텃밭동아리 학생들과 학부모들이 행복한 경험을 할 수 있도록 장을 열어주신 경기농림진흥재단에 감사드립니다.

무한경쟁시대를 헤쳐 나가야 할 아이들의 정서와 긍정적인 마음가짐을 위해서 무엇이 필요할까를 더 고민하고, 우리 아이들이 인생을 사교육이 아닌 자연에서 배울 수 있도록 더욱 노력하겠습니다.

사랑나눔텃밭

수원
매여울단체연합회

지역 주민이 기획하고 만들어가는
도시재생 = 도시농업을 접목한 환경 정비

위치 : 경기도 수원시 영통구 동탄원천로 881번길 66
면적 : 451.3m²
텃밭유형 : 모임텃밭형
주요작물 : 고구마, 감자, 여주, 상추, 딸기 외
수상자 : 신학철

"유휴지로 방치되어 있는 시유지를 이용하여
지역 주민을 위한 공간 조성 및 도시형 텃밭을 만들어
불우한 이웃을 위한 나눔 봉사를 실천하고 있습니다."

　수원시 영통구 매탄3동 매여울초등학교 앞에 위치한 매여울 사랑나눔 텃밭농장은 '매봉산에서 물줄기가 어우러져 흐른다'에서 유래된 매여울의 의미를 되살려 민관이 함께 마을만들기 차원에서 시작한 곳입니다. 주민 스스로가 문화 · 건축 · 환경이 어우러지는 마을을 새롭게 '아름다운 삶의 공간'으로 디자인하고 가꾸어 나가자는 수원시의 마을르네상스 사업은 쓰레기가 가득했던 땅을 생명이 자라는 공간으로 탈바꿈시키는 상상을 가능하게 했습니다. 지난 봄, 그 덕분에 유휴지로 방치되어 있던 시유지가 생명이 자라는 텃밭으로 변신했습니다.

　민(매여울단체연합회) · 관(매탄3동 주민센타) 협력을 통해 만들어진 매여울 사랑나눔 텃밭농장은 도시의 어린이들이 도시농업을 체험할 수 있는 학습장입니다.

1	2	3
4	5	6
7	8	

1~3. 매여울 사랑나눔 텃밭농장 만들기
4~6. 텃밭은 나눔을 위한 공간
7.8. 텃밭은 자연학습장

텃밭 운영에 주민이 공동으로 참여함으로써 소통의 장으로서도 기능하고 있습니다. 또한 수확한 작물은 관내 어려운 이웃에게 나눠주어 작지만 큰 이웃사랑을 실천하고 있습니다.

다른 텃밭과는 달리 1작물씩 따로 조성해서 견학 오는 어린 친구들이 온전히 집중해서 작물을 관찰할 수 있도록 한 점도 특징입니다. 시기에 맞게 과일도 재배할 계획을 세우고 있습니다. 농촌 농사를 모르는 어린이와 청소년들이 가까이에서 직접 농사를 체험할 수 있는 공간으로 가꿔나가고 있습니다. 농장 한쪽에는 동물농장도 마련되어 있어, 아이들이 도심의 작은 텃밭에서 생명과 교감을 나누는 의미 있는 공간으로 자리 잡아가고 있습니다.

PROGRAM

작물별로 공간을 따로 조성해 견학오는 아이들이 각 작물의 특징을 관찰할 수 있도록 했고, 수확한 작물은 관내 어려운 이웃에게 나눠주는 이웃사랑을 실천하고 있습니다.

봉사자들과 함께 가꾼 매여울 사랑나눔 텃밭농장

신학철 대표

전국에서 평균 연령이 가장 낮은 지역이며 글로벌 기업인 삼성전자가 자리하고 있는 수원시 영통구 소재의 매탄3동은 주거 형태의 대부분이 아파트로 구성되어 있습니다. 주민들의 지적 수준과 자녀들에 대한 교육열은 상당히 높지만, 마을 주민들 상호간의 소통이 단절되고 협력과 상생의 생활을 찾아보기 힘든 편이었습니다. 저는 매탄3동의 마을만들기 협의회장의 직책을 맡으면서 이러한 단점을 해소하고자 다양한 사업을 추진하기 시작했고, 서로 소통하고 교류할 수 있는 자리를 조금씩 만들어 나갔습니다. 그 결과 이제는 서로 협력하고 함께하는 모습을 많이 보게 되었습니다. 그러던 중 주민센터 옆의 아파트와 아파트 사이에 자리 잡고 있던 주택공사 소유의 부지가 기부체납을 통해 수원시 소유의 땅이 된 것을 알게 되어, 주민센터의 협조를 얻어 텃밭을 가꿀 수 있는 사용 허가를 받았습니다. 쓰레기를 치우고 땅을 걷어내고 새로운 흙을 옮겨 밭을 만들고 도심 한복판에 시골에서나 볼 수 있는 각종 채소들을 심어놓고 농촌의 향기가 물씬 날 수 있도록 가꾸어 놓으니 미관적으로도 아름다운 공간이 되었습니다. 뿐만 아니라, 딱딱한 콘크리트만 밟아본 유치원 어린이나 초등학생들을 초대하여 흙내음과 채소들이 자라는 모습을 살펴볼 수 있는 체험학습장으로도 활용하고 있고, 텃밭에서 수확한 농산물은 저소득층 이웃이나 독거노인들에게 나눠드림으로써 봉사자 모두가 보람과 자부심을 느끼고 있습니다. 우연한 기회에 알게 된 '경기도 도시텃밭대상' 공모전에 참가하여 우수상을 받게 되어 대단히 감사하게 생각하고, 봉사하는 회원분들과 함께 더욱 멋지고 아름다운 텃밭을 가꾸어 나가겠습니다.

학교텃밭

용인
한일초등학교

텃밭에서 무럭무럭 자라는 미래
생명의 소중함을 배우는 어린이농부

위치 : 용인시 기흥구 한보라1로 145 용인 한일초등학교
면적 : 500m²
텃밭유형 : 교육텃밭형
주요작물 : 고추, 토마토, 파프리카, 옥수수, 가지 외
수상자 : 한일초등학교

"식물의 생장에서 관찰되고 목격되는 그 모든 과정이
아이들의 정서와 인성은 물론 창의성에도 영향을 미칩니다.
아이들은 텃밭에서 봄, 여름, 가을, 겨울, 계절의 변화를 몸과 마음으로 느낍니다."

용인시 기흥에 위치한 한일초등학교는 친환경 생태체험학습의 일환으로서 올해로 만 9년째 학교 텃밭을 운영하고 있습니다. 1학년부터 6학년까지 600여 명의 전교생 모두가 '어린이농부'입니다. 각자 자신만의 텃밭과 화분을 가지고 있습니다. 텃밭은 두 구역으로 나누어져 있습니다. 학교 입구에는 1~3학년 학생들의 공간으로 모두 117개의 상자 텃밭에 1학년은 파프리카, 2학년은 고추, 3학년은 대추방울토마토를 심어 재배하고 있습니다. 4학년은 옥수수, 5학년은 고추, 6학년은 상추 모종을 심었습니다. 학생들은 자신의 작물에 물을 주고 주기적으로 관리하면서 자기 주도적 생태학습과 생명의 소중함을 알고 나아가서 친환경적 체험학습을 할 수 있습니다. 옥상텃밭인 하늘정원은 인공토와 퇴비를 섞어서 깔아주고 발효를 시켰습니다.

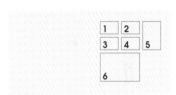

1.2. 학교 입구에 위치한 1.2.3학년 텃밭
3~6. 옥상텃밭 하늘정원

처음에는 고약한 냄새가 많이 났지만 2주 정도 지나니 아주 비옥한 땅이 되었습니다. 교사 9명으로 구성된 교사동아리(작목반)를 중심으로 선생님 한 분 한 분이 전문가라고 할 수 있을 만큼 역량을 갖췄습니다. 밭갈이부터 씨뿌리기, 솎아내기, 거름주기, 수확하기까지 일련의 과정을 교사와 학생이 함께 합니다. 텃밭은 자연의 섭리를 스스로 깨치고, 생명에 대한 소중함을 알게 하고, 건강하고 행복한 어린이로 자라는 데 꼭 필요한 필요 요건입니다. 농지와 녹지의 감소로 발생되는 환경 문제와 먹을거리에 대한 불안감 증대, 어린이의 생태 감수성 부족으로 인해 많은 문제들이 발생되고 있는 가운데 텃밭이 갖는 다원적 가치는 앎과 삶이 일치하는 생태 감수성을 책임집니다. 텃밭에서는 작물만이 아니라 따뜻한 인성과 감성을 지닌 미래의 주인공들도 함께 자라고 있습니다.

─PROGRAM─

600여 명의 전교생이 각자 자신만의 텃밭을 자기주도적으로 직접 관리하고 있으며, 아이들이 키운 채소가 급식 식탁에 오르기 때문에 편식 습관도 자연스럽게 교정됩니다.

어린이농부가 활약하는 용인 한일초등학교

용인 한일초등학교

"선생님, 방울토마토 언제 따먹어요?" "조금 더 기다려야 할 것 같은데?" "빨리 익었으면 좋겠어요." "○○는 토마토 싫어한다고 그러지 않았나?" 메르스로 인한 휴업 후에 아이들이 다시 학교에 등교하면서 아침마다 하는 대화입니다. 아이들은 자신이 농부인양 사랑으로 식물들을 잘 키워내고 있습니다. 물도 주고, 잡초도 뽑아주고, "잘 자라라" 사랑의 한마디도 잊지 않습니다. 올해 처음 이 학교에 부임하면서 교문 앞에 늘어선 100개에 가까운 화분, 300평 정도의 옥상텃밭을 보며 '이걸 어떻게 운영해야 하나'하는 걱정이 앞섰습니다. 그러나 개교와 함께 9년 가까이 진행된 텃밭 운영은 용인한일초 학생과 교직원에게는 매해 꼭 해야만 하는, 꼭 하고 싶은 당연한 체험활동입니다. 씨뿌리기, 솎아내기, 거름주기, 수확하기 등의 활동을 통해 아이들은 함께하기를 배우고, 생명에 대한 소중함을 터득하는 동시에 잘못된 편식 습관도 자연스럽게 교정되는 경우도 많습니다. 아이들이 직접 키운 채소가 급식 식탁에 오르기 때문입니다. 아이들에게 이 텃밭은 무엇보다 소중한 살아있는 교과서인 셈입니다. 이번에 처음 참가한 "2015 경기도 도시텃밭대상"에서 우수상을 수상하며, 결과보다는 우리 용인한일초 텃밭 체험 활동이 많은 사람들에게 소개되고 더 많은 학교에서 실천되는 기회가 되었으면 좋겠다는 생각을 해보았습니다. 끝으로 그동안 텃밭 운영을 위해 고생하신 모든 교직원, 학생들, 그리고 좋은 조언과 큰 상을 주신 경기농림진흥재단에 감사드립니다. 오늘은 아이들과 빨갛게 익은 맛있는 방울토마토를 따러가야겠습니다.

푸르메 생태교실

화성 정남중학교

자연이 곧 인성교육의 터전,
다 함께 성장하기를 꿈꾸다.
지역 공동체 활동의 일환으로
'김장 나눔' 봉사활동도 진행

위치 : 화성시 정남면 신리길 76 정남중학교
면적 : 90m²
텃밭유형 : 교육텃밭형
주요작물 : 상추, 땅콩, 토마토, 오이, 가지, 딸기 외
수상자 : 정남중학교

"텃밭을 통해 지역에 대한 관심과 농업에 대한 이해를 높이고
자연과 생명의 소중함을 깨달을 수 있는 생태 체험의 기회를 제공하여
자연친화적 공동체 의식을 심어주고 있습니다."

정남중학교는 체육관 및 교사 뒤편의 유휴지를 '자연생태 체험학습장=학교농장'으로 조성하였습니다. 화성시 정남면에 위치한 작은 농·산·어촌학교인 정남중은 농촌에 속하지만 대도시 근교인 지역의 특성상 농사를 짓는 학부모가 그리 많지는 않습니다. 자신이 속한 지역에 대한 관심과 농업에 대한 이해를 높이기 위해 학교 텃밭을 가꾸는 시간을 교육과정으로 편성해 학생 개개인에게 생태 체험의 기회를 제공하고, 자연과 생명의 소중함을 일깨울 수 있도록 지도하고 있습니다. 또한 농작물을 심고 가꾸는 과정을 통해서 농부에 대한 고마움과 친구들과의 협력을 고양시키고 있습니다.

텃밭에서 이루어지는 푸르메 생태교실은 생태적 삶에 대한 고민과, 더불어 살아가는 다른 생명에 대한 소중함을 배우는 계기가 되고 있습니다.

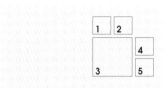

1.2. 텃밭정원 가꾸기는 우리 손으로
3. 텃밭에서 만난 건강한 에너지
4. 생태둠벙에는 벼가 자라요!
5. 텃밭정원에서 함께 사는 토끼 가족

성적 중심의 경쟁적 관계를 벗어나 함께 협력하는 기쁨을 통해 긍정적인 변화를 이끌어냅니다. 채소를 심고 가꾸는 과정을 학습도움반 친구들과 함께 함으로써 동료 학생 간에 유대감을 높이고 존중과 배려, 나눔을 실천하면서 다함께 사는 것, 함께 성장하는 것이 무엇인지를 고민하는 계기가 됩니다.

지난 가을에는 일 년 농사를 마무리 짓는 행사로 '김장 나눔' 행사를 개최하였습니다. 학생들이 직접 심고 기른 배추를 수확하여 김장을 했기에 더 의미가 있었습니다. 또한 이 김치를 편지와 함께 지역사회의 복지시설과 다문화 가정 등에 전달하여, 행사에 참여한 모두가 나눔의 행복도 경험하였습니다.

PROGRAM

학생들이 텃밭 가꾸기 연간 계획을 세워 관리하고 있으며, 가을에는 일 년 농사를 마무리 짓는 의미로 이웃과 함께 하는 '김장 나눔' 행사를 개최하고 있습니다.

나눔과 배려를 배우는 정남중 푸르메 생태교실

임혜옥

감사합니다. 사실 큰 기대를 하지 않고 학생들과 함께 하는 생태 수업이 아이들 교육에 많은 도움이 되어 다른 학교와 공유하고 싶어 '도시텃밭대상' 공모에 응모하게 되었는데 이렇게 좋은 결과까지 얻게 되어 고맙고 기쁩니다.

정남중학교(교장 최흥식)는 도심과 떨어진 농촌학교로 지역의 특성을 살려 학생들에게 농업의 소중함을 알리고 지역사회에 대한 이해를 높이기 위해, 최흥식 교장선생님이 2013년 학교 유휴지를 손수 텃밭으로 조성하였습니다. 2013학년도부터 '자연이 곧 인성교육의 터전'이라는 생각으로 교사 주변을 모두 텃밭으로 조성하여 방학 때까지는 쌈채소, 고추, 토마토, 가지, 오이 등 각종 채소를, 가을에는 무, 배추 등을 기르고 있습니다. 더 나아가 가을에는 재배한 수확물로 김장을 하여 이웃과 함께 하는 '지역 나눔 공동체' 활동의 일환으로 김장 나눔 봉사활동도 진행하고 있습니다. 농촌에 살면서 농사에 대한 경험이 없고 소중함을 잘 모르는 학생들에게 경험이 있고 없고는 큰 차이가 있으며, 머리로만 아는 것보다 체험을 해 본 학생들의 생각과 행동이 달라졌으며, 나눔과 봉사로 이어지는 생태 체험을 통해 학생들이 많이 성장하였습니다. 학생들의 참여도가 높아지고 사회성과 인성 함양에 도움이 되는 만큼 지금은 생태체험 활성화에 전 교직원이 참여하고 있습니다. 자연 속에서 나눔과 배려를 배울 수 있는 기회를 통해 다함께 성장하는 것이 무엇인지를 배울 수 있는 생태체험학습장을 앞으로도 꾸준히 운영하겠습니다.

특별상
배움상

과천 관문초등학교_ 관문농장 094

남양주 예봉초등학교_ 예봉 알곡키움터 098

성남 이우학교_ 더불어 텃밭 102

수원 수원북중학교 특수학급_ 와이파이 텃밭정원 106

시흥 시립능곡어린이집_ 시립능곡 영차텃밭 110

시흥 연성초등학교_ 학교텃밭 114

파주 광일중학교_ 청소년농부학교 씨앗 118

화성 능동고등학교_ 그린다이져 122

특별상
어울림상

과천 시니어클럽_ 즐거운 주말농장 126

과천 식생활교육네트워크협동조합_ 토종종자와 함께하는 텃밭사랑 130

광주 토마토평화마을협동조합_ 퇴촌 토마토평화마을 134

구리 수택1동주민자치위원회_ 사랑나눔 주말농장 138

남양주 남녀새마을협의회_ 진접읍 남녀새마을협의회 텃밭 142

성남 공동육아모임_ 덩더쿵 어린이집 146

수원 꽃뫼버들마을 나누며가꾸기회_ 꽃뫼마을 어울림 텃밭 150

안산 단원사랑_ 두렁두렁 나눔텃밭 154

도시텃밭과 공동체 이야기

특별상
땀흘림상

성남 **최원학가족**_ 옥상 미니정원   158
수원 **사회적기업 팝그린 원예교육지도사 모임**_ 너를 위한 마음텃밭   162
안양 **도시농업포럼**_ 공동체텃밭   166
의왕 **도시농부포럼**_ 흙살림 땅살림   170

관문농장

과천 관문초등학교

친환경 생태둠벙에서 벼농사 체험
'참살이' 교육을 실천하는 전통농경체험 운영학교

위치 : 경기도 과천시 별양로 180-1
면적 : 600m²
텃밭유형 : 교육텃밭형
주요작물 : 벼, 밀, 보리, 귀리, 감자, 고구마, 고추 외
수상자 : 관문초등학교

"한 개의 작은 씨앗이 다시 새로운 생명을 담은
여러 개의 씨앗을 남기는 과정을 자연스럽게 배우며,
자연과 조화롭게 사는 방법을 자연스럽게 터득할 수 있습니다."

관문농장은 과천 주공아파트로 둘러싸인 도심 속 관문초등학교 내에 있는 600m² 규모의 학교텃밭입니다. 전통문화를 지키는 '참살이' 교육을 실천하는 전통농경체험 운영학교로 선정되어 우리 전통농법으로 심고 가꾸고 수확하는 기쁨을 나누고 있습니다. 생태둠벙과 텃밭, 농작물 심기, 목화재배장을 운영하고 있으며, 이끼동산, 나물박물관, 상자텃밭 가꾸기 등의 도심 속 녹색공간에서의 체험을 통하여 학생들은 자연을 사랑하고 소중히 여기는 고운 심성과 나눔을 배울 수 있습니다.

관문농장 내 친환경 생태둠벙에는 부레옥잠, 물아카시, 수련, 그리고 벼가 자랍니다. 6월에 모내기, 10월 벼 베기, 11월 초 벼 훑기, 11월 중순 떡 만들기 등 직접 자기 손으로 흙을 일구고 작물을 길러 봄으로써 쌀 한 톨이 생산되기까지 농부가 흘린 땀방울을 이해하게 되고 감사하게 됩니다. 텃밭 가꾸기를 통해 끝없이 되풀이되는 자연계의 순환을 이해하게 되고, 생명의 성장을 직접 몸으로 체험합니다.

생태둠벙, 텃밭, 목화재배장, 이끼동산, 나물박물관, 상자텃밭 등이 있으며, 친환경 생태둠벙에서는 벼를 키웁니다. 모내기 (6월), 벼 베기(10월), 벼 훑기(11월 초), 떡 만들기 (11월 중순), 그리고 김장 하기!

1~3. 다양한 모습의 관문농장
4. 우리 손으로 담근 김장

한 개의 작은 씨앗이 다시 새로운 생명을 담은 여러 개의 씨앗을 남기는 과정을 자연스럽게 배우게 됩니다. 어려서부터 농업을 하며 자라는 아이들은 땅과 식물 즉, 자연과 조화롭게 사는 방법을 자연스럽게 터득할 수 있습니다(관문농장에서는 화학비료나 농약을 사용하지 않고 천연살충제 난황유를 만들어 뿌립니다).

'아이들은 마을에서 자란다'라는 아프리카 속담처럼 좋은 교육을 위해서는 좋은 마을이 필요합니다. 자연에 대한 이해와 함께 사람의 살림살이가 이뤄지고 있는 지역사회와 어떻게 관계를 맺으며 공동체 문화를 이뤄나갈지에 대해 함께 고민하는 곳이 바로 관문농장 텃밭공동체입니다.

INTERVIEW

💬 전통농경체험이 이루어지는 관문농장 _ 관문초등학교

'도심 속 농촌'이란 슬로건을 내걸고 학기 초부터 야심차게 시작했으나 협소한 학교 부지와 인력난 및 유관기관의 사업 축소로 위축된 느낌이지만, 기존에 실시해오던 사업 활성화 및 확장을 통하여 학교농장 공모에서 선정되었고 이번에 '도시텃밭대상'에서 본교가 특별상(배움상)에 선정되는 쾌거를 이루었습니다. 많은 학교가 다양하고 좋은 생태환경과 열의를 가지고 이번 도시텃밭대상에 응모했음에도 본교가 선정되어 더할 나위 없이 기쁘고, 전 교직원과 학부모, 아동들의 우렁찬 만세소리가 들리는 듯합니다. 아이들이 풍요로운 자연 환경 속에서 자라날 수 있도록 미력이나마 더 힘을 내도록 하겠습니다.

배움상

예봉 알곡키움터

남양주 예봉초등학교

텃밭에서 자라는 아이들
전교생이 1인 1채소 가꾸기 실천

위치 : 남양주시 와부읍 수레로 108 예봉초등학교
면적 : 230.6m²
텃밭유형 : 교육텃밭형
주요작물 : 쌈채소, 고추, 배추, 무 외
수상자 : 예봉초등학교

"학교 텃밭 교육의 목적은 '성공적인 농사'에 있는 것이 아니라,
농사 과정에서 아이들이 새롭게 얻는
'몸과 마음의 경험'에 있습니다."

남양주시 와부읍에 위치한 예봉초등학교는 창의적 체험 활동을 위해 팜스쿨로 텃밭 '예봉 알곡키움터'를 운영하고 있습니다. 전교생이 1인 1채소 가꾸기를 실천하며, 작물을 기르고 수확하는 전 과정을 통해 계절과 날씨의 변화, 식물의 성장에 필요한 요소, 수확의 기쁨, 일의 보람, 건강한 먹거리에 대한 이해, 생명 존중 정신 함양, 여럿이 함께 과제를 해결하는 공동체 의식과 나눔을 통한 봉사를 실천하는 과정을 함께 하고 있습니다. 학급마다 2~3이랑씩 배정된 작은 텃밭을 경작합니다. 정성을 다하여 작물을 심고 부지런히 물을 주며 가꿉니다. 학생들이 자신들이 심은 작물이 자라는 모습을 관찰합니다. 텃밭은 정서가 메말라가는 요즘 학생들에게 생명 존중과 함께 나누고 돌보는 기쁨을 길러주는 살아있는 교육장입니다. 농장 주변에는 작은 논(벼 재배통) 100여개를 조성하여 우리가 먹는 밥이 우리에게 오기까지의 과정을 함께 합니다.

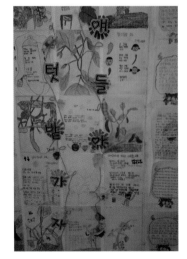

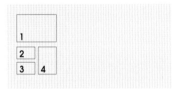

1~3. 예봉 알곡키움터는 "생명을 가꾸는 밭"
4. 얘들아! 텃밭가자.

1~2학년은 그림일기로, 3~6학년은 농장일기, 노작활동일지를 작성하면서 자세히 보기를 실천하고, 자세히 본 것을 기록하고 정리합니다. 5~6학년이 되면 생태 보고 프로젝트를 작성하는 성장을 보여줍니다.

INTERVIEW

척박한 자갈땅에 뿌리내린 '알곡키움터' _ 예봉초등학교

예봉초 텃밭인 알곡키움터가 '도시텃밭대상' 특별상을 받게 되어 기쁘게 생각합니다. 특별상의 영예를 안겨주신 심사위원님들과 경기농림진흥재단 관계자 분들께도 감사의 마음을 전합니다. 원래 본교의 텃밭은 텃밭 용도가 아닌 잔디와 나무가 심어진 휴식 공간이었습니다. 하지만 학교 신축 당시 공사용 자갈 적치장이었던 곳에 나무를 심은 탓에 식물들이 제대로 뿌리 내리지 못하고 죽어갔습니다. 이런 척박한 땅에 텃밭이 본격적으로 조성되기 시작한 것은 현재 본교 재직 중이신 김효섭 교장선생님께서 부임하신 6년 전부터입니다. 불모지나 다름없던 이곳을 학생들의 농작물 재배 체험학습장으로 만들어보자는 의견에 교직원들이 합심하여 텃밭 조성 사업을 시작하였습니다. 조성 초기 가장 어려웠던 점은 역시 자갈 문제였습니다. 아무리 주워 내도 좀처럼 줄어들지 않는 자갈 탓에 농작물은 생각보다 잘 자라지 않았습니다. 하지만 매년 자갈을 주워 내고 유기농 퇴비의 지속적 투입으로 땅의 힘이 조금씩 살아나기 시작하여 지금은 본교의 체험 중심 교육과정과 연계한 학생들의 훌륭한 텃밭체험학습장으로 변모하게 되었습니다. 친환경을 넘어 무농약, 무비료 재배 원칙을 고수하며 1,000여명의 학생과 선생님들의 정성으로 오늘도 예봉 알곡키움터의 농작물들은 무럭무럭 자라고 있습니다. 좋은 교육의 장으로 활용되고 있는 알곡키움터가 더욱 비옥한 텃밭이 될 수 있도록 최선을 다하겠습니다.

더불어 텃밭

성남 이우학교

텃밭 농사로 사람 농사 짓기
먹거리의 소중함과 노동의 가치를 배우는 '농사 수업'

위치 : 성남시 분당구 동원동 산 156
면적 : 990m²
텃밭유형 : 교육텃밭형
주요작물 : 쌈채소, 열매채소, 야생화, 벼 외
수상자 : 이우중학교

"삶과 결합된 교육, 온몸으로 하는 학습만이 학생의 삶과 인격을
변화시킬 수 있습니다. 노작 활동을 통해 학생들이 의식주가 어떻게 생산되는지
체득해 보면서 노동의 의미를 깨닫고, 생태적 삶의 방식을 배웁니다."

성남시 분당구 동원동 광교산 자락 참나무 숲속에 있는 이우학교는 교과목에 '농사 수업'이 들어있습니다. '공부'가 아닌 '배움'을 강조하고, 교과서가 아니라 삶속에서 생생하게 살아 있는 지식을 배웁니다. 학생들이 즐겁게 참여하면서 우리 먹거리의 소중함과 노동의 가치, 나아가 자연과 더불어 사는 삶을 배우는 '농사 수업'입니다. 등굣길 입구에 있는 텃밭에는 학생과 교육공동체 회원들이 농작물을 기릅니다. 농사를 짓거나 자연과 함께 하면서 느낀 진솔한 마음을 시와 산문으로, 그림으로 표현하는 과정을 통해 창의 욕구를 풀어냅니다. 그들의 이야기는 알록달록 시와 그림으로 만들어지고 등하굣길을 작은 자연 속 미술관으로 만듭니다. 밭에서, 논에서 밭의 크기를 재고, 논 모양으로 도형을 가름하고, 작은 논에 물을 대고 오고 가는 길에 텃밭에 들리면서 그렇게 아이들은 자신의 삶에 '더불어 사는 삶'을 이어갑니다.

—PROGRAM—

농사를 지으면서 느낀 마음을 시와 산문으로, 그림으로 표현하는 프로그램을 운영하고 있으며, 직접 생산한 쌀로 떡을 만들어 전교생이 떡국을 먹는 행사도 펼치고, 인근 경로당과 동사무소와도 나눕니다.

1	
2	
3	4

1. 텃밭을 가꾸는 학생들
2, 3. 텃밭에서 생태적 삶 배우기
4. 마중물을 준비하는 펌프

논밭에 물을 대는 일도 시키면 절대로 안 하지만 스스로 필요하다고 여기면 도랑에서 파이프를 논에 연결하고 다시 자기 밭으로 물길을 냅니다. 벼를 심고 가꾸고 수확하는 과정에 모두 참여하고, 여기서 생산된 쌀로 떡을 만들어 전교생이 떡국을 먹는 행사도 펼치고 인근 경로당과 동사무소와 나눕니다.

INTERVIEW

 ### '공부'가 아닌 '배움'을 강조하는 이우 더불어 텃밭 _ 백남희

성경 말씀에 "뿌린 대로 거두리라"라는 구절이 있듯이 많이 심으면 많이 거두고 적게 심으면 적게 거두기 마련이며, 심지 않고는 거둘 수가 없습니다. 인생은 바로 이와 같습니다. 씨를 뿌리지 않고 훌륭한 결실을 거두기만을 바라는 어리석은 사람이 되어서는 안 될 것입니다. 모든 것을 빨리빨리, 쉽게 얻기만 하는 아이들의 마음속에 심어주고 싶었던 생각입니다. '이우 더불어 텃밭'은 쌀 한 톨을 거두기 위하여 여든여덟 번 땀을 흘리는 농부처럼 각자의 희망찬 미래를 위해 성실하게 생활하는 습관과 '뿌린 대로 거둔다'는 만고불변의 진리에 '작물은 농부의 발자국 소리를 듣고 자란다'는 것을 보태어, 온갖 정성과 노력으로 보살피면 훌륭한 결실을 피울 수 있음을 체험하고 그 체험을 바탕으로 자기의 삶을 항상 땀으로 갈고 정성으로 씨앗을 뿌려 부지런히 보살피며 개척해 나가기를 바라는 마음을 담은 작은 텃밭입니다.

올해도 변함없이 아이들과 함께 봄에 땅을 갈고 씨앗을 뿌려 김매고 거름 주고 잡초를 뽑으면서, 닥쳐오는 홍수와 가뭄에도 좌절하지 않는 농부의 정성과 인내, 자연의 섭리와 삶의 이치를 배웠습니다. 아이들이 훗날 아름답고 훌륭한 삶의 열매를 거두기를 기대해 보면서 말입니다.

배움상

와이파이 텃밭정원

수원 수원북중학교 특수학급

와이파이처럼 여러 사람과 소통하는 텃밭
땀 흘리며 일하는 과정의 중요성을 일깨워주는 곳

위치 : 수원시 장안구 광교산로 37번지 수원북중학교
면적 : 33m²
텃밭유형 : 교육텃밭형
주요작물 : 엽채류, 과채류, 화훼류
수상자 : 수원북중학교

"생명을 돌보는 과정을 통해 서서히 학교생활에 적응해 가는 특수반 친구들에게
텃밭은 치유의 공간으로 소통의 공간으로,
성장의 공간으로 함께하고 있습니다."

'와이파이 텃밭정원'은 10대 아이들이 가장 많이 접하고 빠져있는 핸드폰을 통해 친숙하고 재미있는 원예 활동을 하고자 하는 친구들의 바람이 담긴 이름입니다. 와이파이는 여러 사람에게 전파를 내보내 좋은 정보를 나누고 활용할 수 있게 하는 훌륭한 매개체로서의 역할을 합니다. '와이파이 텃밭정원'은 학교 내에서 소외되거나 자존감이 낮은 특수반 학생들이 텃밭을 통해 와이파이처럼 여러 사람과 소통하고자 하는 의지가 담겨 있습니다.

와이파이 텃밭정원은 식물을 만지고 다양한 도구와 재료를 이용하는 원예 활동을 통해 촉각 반응을 향상시키는 것에 큰 목적을 두고 있습니다. 특히, 심리·사회적 적응력을 길러주어 특수학급 학생들에게 정신적인 안정을 제공하고 있습니다. 식물을 이용하는 원예 활동을 통해 인간의 사회적·교육적·심리적·신체적 적응력을 기르는 데 많은 도움이 됩니다.

PROGRAM

1~2학년은 그림일기를, 3~6학년은 농장일기와 노작활동일지를 작성하고, 5~6학년이 되면 생태보고 프로젝트를 작성합니다. 매년 7월과 10월에는 농촌으로 체험 활동도 떠납니다.

1~4. 와이파이텃밭은 우리가 지킨다.

스마트폰과 컴퓨터에 익숙한 친구들은 기다림과 인내에 익숙하지 않고, 그 과정이 복잡하면 이내 포기해 버립니다. 이런 친구들에게 씨앗을 뿌리고 물을 주고 기다려야만 하는 텃밭 농사는 어떤 의미가 있을까요? 느긋하게 참고 기다리면 결과가 나온다는 것, 땀 흘리며 일하는 과정이 필요하고, 노동이 없이는 아무것도 얻을 수 없음을 알아갑니다.

 지극정성으로 가꾸는 와이파이 텃밭정원 _ 박슬기

매년 진행되는 특수학급 방과후 교실이라는 명목에 시작된 원예치료. 도시에 살기 때문에 땀 흘리며 씨를 심고 식물을 기르는 것이 익숙하지 않던 학생들이었기에 직접 식물이 자라는 모습을 보며 성취감을 맛보고 직접 기른 식물을 나누는 행복도 알게 해주고 싶어 원예치료를 시작하게 되었고 '도시텃밭대상' 공모전까지 참가하게 되었습니다. 아무 것도 없는 땅에 학생들이 직접 땅을 고르고 돌을 제거하는 것을 시작으로 텃밭의 모양을 만들고 모종을 심고 매일 물을 주면서 어떤 식물이 나올까, 잘 자랄까 하는 기대감을 갖기 시작했습니다. 저희 텃밭은 몇 년 동안 사용되지 않던 땅이어서 더욱 더 식물이 아름답게 자랄 모습이 염려되기도 하고 기대되기도 하였습니다. 다양한 채소의 모종을 심고 꽃의 씨앗을 심어 싹을 틔웠습니다. 그리고 하루도 빠짐없이 매일 물을 주었습니다. 그러자 저희의 염려와는 다르게 너무나 잘 싹이 나고 자라기 시작했습니다. 학생들의 지극정성 때문이었는지 식물들은 너무나 잘 자랐고 작물도 주렁주렁 열리기 시작했습니다. 채소를 직접 수확하면서는 너무나 신기해하고 행복해했습니다. 이번 수상 소식은 학생들에게 큰 성취감과 기쁨을 주었고 평생 잊지 못할 기억이 되었습니다. 앞으로도 학생들이 원예 활동에 대한 관심이 더욱 많아져서 평생 행복하고 즐거운 취미가 삶에서 이어졌으면 합니다.

배움상

시립능곡 영차텃밭

시흥 시립능곡어린이집

영차!! 영차!! 텃밭사랑

위치 : 시흥시 능곡동 442번지
면적 : 330m²
텃밭유형 : 교육텃밭형
주요작물 : 쌈채소, 감자 외
수상자 : 시립능곡어린이집

"자연 속에서 부모님과 함께
고사리 손으로 직접 텃밭을 만듦으로써
자연의 이치와 생명에 대한 사랑과 땀방울의 소중함을 깨닫는 교육!"

'영차! 가족친환경텃밭'은 시흥시 능곡동에 위치한 시립능곡어린이집 6, 7세 유아와 부모님이 함께 일구고 있는 텃밭입니다. 시립능곡 가족의 텃밭 가꾸기를 통해 아이들은 흙의 소중함을 알게 됩니다. 흙의 생명력을 체험하게 됩니다. 계절의 변화를 알게 됩니다. 고사리 손으로 텃밭을 일구며 아이들은 자연의 이치와 생명에 대한 사랑, 땀의 소중함을 깨닫는 과정을 부모님과 함께 하고 있습니다. 텃밭 만들기부터 시작되는 텃밭 1년의 과정을 통해 작물을 언제 심고 언제 거두는지, 사계절이 어떤 차이가 있는지를 알게 됩니다. 자연 속에서 사계절의 변화를 만나고, 사람과 자연이 함께 한다는 것을 알아가고, 가족과 함께 하는 즐거움과 수확의 기쁨을 누리고 있습니다. 하루 종일 흙 밟을 일이 없는 아이들을 걱정하고, 자연과 떨어진 아이들이 자연의 맛과 멋을 모르고, 자연의 변화에 둔감하고, 정서적으로 불안정하다고 걱정하는 부모님의 안타까움을 텃밭을 통한 자연 교감으로 풀어보고자 합니다.

1. 가족이 함께하는 텃밭
2. 옥수수가 커, 내가 커?
3. 우리는 꼬마요리사
4. 우리가족이 함께 가꾸는 텃밭

교실을 떠나 자연 속에서 체험하는 텃밭 활동은 도시에서 나고 자란 아이들에게 자연이 주는 혜택을 마음껏 누리게 해 줍니다. 교실에서의 활동이 지식 위주의 인위적인 활동이라면 텃밭 가꾸기는 인간에 있어 가장 근원적인 부분이지만 차츰 잊어가고 있는 생명의 소중함, 생명을 있게 한 자연의 소중함을 아이 스스로가 배우게 하는 자연스러운 활동입니다.

INTERVIEW

시립능곡어린이집 '영차! 가족친환경텃밭' _ 오현봉

"자연의 맛, 바른 먹거리, 건강한 맛, 바른 먹거리, 내 몸이 좋아해요, 착하고 바른 먹거리, 무지개색 채소 과일 좋아해, 포도 당근 브로콜리 토마토 먹다보면 예뻐지는 소리가 들려, 맛있게 골고루 꼭꼭 씹어 냠냠 냠…" 시립능곡어린이집 유아들은 이 노래를 시작으로 가벼운 발걸음으로 텃밭을 만나러 갑니다. 매일은 아니지만 일주일에 한 번씩 텃밭으로 향하는 날이면, 모자를 눌러쓰고 루페와 모종삽을 챙겨들고 오늘은 어떤 새로운 채소 친구를 만나고 우리가 심은 채소 친구들이 얼마나 자랐는지 설레는 맘으로 우리의 '영차 텃밭'을 만납니다. 지난 3년간 꾸준히 활동해 온 '영차! 텃밭 활동'을 통해 우리 어린이집은 부모님들의 적극적인 관심과 격려 속에서, 다양한 지역사회(시흥생명농업기술센터 도시농업 주치농 사업)의 도움으로 열린 어린이집을 지향하고 있으며, 그 중 텃밭 활동을 통해 인성과 창의성 교육에 선두적인 인성우수시설로 중심기관 역할을 수행하고 있습니다. 그러던 중 '도시텃밭대상' 공모전에서 특별상이라는 좋은 결과까지 얻을 수 있어, 시립능곡어린이집 가족들은 감사와 행복의 시간을 더할 수 있었습니다. 시립능곡어린이집은 앞으로도 쭉 "영차! 텃밭 활동"을 통해 정성과 기다림으로 텃밭 열매와 유아들의 꿈이 함께 성장하기를 바라며, 텃밭에서 유아들의 자연웃음소리가 메아리치기를 기대해 봅니다.

학교텃밭

시흥 연성초등학교

텃밭은 놀이터 & 생활터 & 배움터
동문 선배가 선물해준 특별한 텃밭

위치 : 시흥시 나분들길 44 연성초등학교
면적 : 991m²
텃밭유형 : 교육텃밭형
주요작물 : 포도, 토마토, 가지, 고추, 오이, 호박, 옥수수 외
수상자 : 연성초등학교

"우리 학교텃밭은 배움터인 동시에 먹고 사는 일이 이루어지고
놀이가 일어나고 관계가 형성되는 생활터가 되었습니다."

시흥 연성초등학교에는 포도나무가 자라는 특별한 텃밭이 있습니다. 학교 인근 300평 규모의 포도 농장을 학교텃밭으로 조성한 것입니다. 텃밭으로 통하는 담장을 시원스레 뻥 뚫어 계단을 설치합니다. 텃밭을 돌아가지 않고, 아이들이 곧바로 밭으로 뛰어갈 수 있을 뿐만 아니라 활동시간이 아니어도 틈틈이 밭으로 달려갈 수 있도록 배려한 통로입니다. 각 학년별로 교과과정에 맞추어 1학년은 식물 배우기, 4학년은 식물의 한 살이 등을 텃밭에서 직접 배웁니다. 텃밭에서 수업을 하고는 바로 농사일지를 씁니다. 자신의 먹거리를 직접 키우면서 땅을 살리는 유기농사와 씨앗에서 밥상까지 일어나는 일을 관찰하고 이해합니다. 자세히 들여다 보아야 보이는 것을 아이들은 찾아내고 발견합니다. 그리고 성장합니다. 학교텃밭은 놀이가 있는 놀이터이며, 먹고 사는 일이 이루어지는 생활터이고, 삶의 역동을 배우는 배움터입니다.

텃밭 수업 후 농사일지를 작성하고 있으며, 텃밭에서 수확한 배추와 무로 김장을 하는 '사랑의 김치 담그기' 행사를 하고, 인근 시설에 김장 나눔도 하고 있습니다.

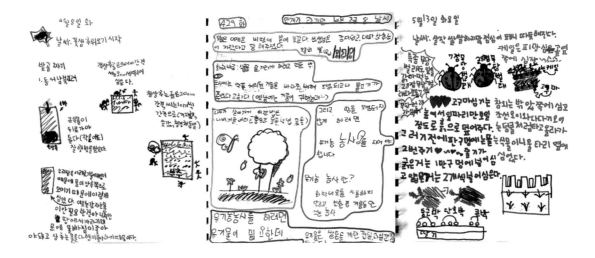

텃밭 울타리에 걸린 가방은 수확물을 담는 장바구니입니다. 친구들이 직접 그린 장바구니 그림에는 많은 이야기가 담겨있습니다. 지역 사회와 함께하는 교육공동체, 모두가 행복해지는 학교를 만들려고 노력하고, 나눔과 배려가 필요한 이웃들의 겨울이 포근해지기를 기대합니다.

INTERVIEW

시흥 연성초등학교 _ 교장 황재진, 교사 김현주

이렇게 '도시텃밭대상'에서 특별상을 수상하게 되어 참 기쁩니다. 본교 학생들이 농사 체험을 통해 땀의 소중함과 자연에 대한 놀라움과 수확의 기쁨을 누리는 것만으로도 그 상이 충분이 됨에도 이러한 상으로 더욱 격려하여 주시니 더욱 힘이 나고 자랑스럽습니다. 본교는 도시 속 시골 같은 곳에 자리 잡은 개교 60년된 오래된 학교로, 동창회와 연계하여 졸업한 선배님이 300평이란 넓은 부지를 '기증에 가까운 임대'를 해주셔서 텃밭을 시작할 수 있었습니다. 졸업 후에도 학교를 지지해주시고 함께해주시는 동창회에 감사를 드립니다. 그리고 매일 텃밭에 나와 땀 흘리시고 학교 곳곳에 빈곳 없이 관심을 가져주시는 교장선생님의 노력과 관심이 없었다면 이렇게 내실 있게 운영할 수 없었을 것이라 생각합니다. 아직은 서툴러서 밭의 영양 부족으로 인한 질병을 겪기도 하고, 병충해 앞에 당황하기도 하지만, 이 상으로 받은 격려를 힘 삼아, 남은 한 해 마무리를 더욱 잘하겠습니다. 그리고 친환경 농산물에 대한 친근함, 땀과 관심의 소중함, 생명에 대한 사랑을 가르치고 배우는 일도 열심히 하겠습니다. 감사합니다.

배움상

파주 광일중학교

꿈과 희망의 씨앗을 심는 희망꿈터,
지역 사회와 함께 '마을이 학교'가 되다.

위치 : 파주시 월롱면 영태리 함영골길 10 광일중학교
면적 : 1,487m²
텃밭유형 : 교육텃밭형
주요작물 : 감자, 쌈채소, 고추, 가지, 옥수수, 오이, 호박 외
수상자 : 광일중학교

"희망꿈터에는 텃밭에서 자란 채소, 고기를 부담하는 선생님,
옹기종기 둘러 앉아 서로의 입에 커다란 쌈을 넣어주는 친구들,
그리고 건강한 수다가 있습니다."

파주광일중학교 '희망꿈터'는 2011년 농사실습반 청소년농부학교 '씨앗'동아리에서 시작되었습니다. 학교 인근에 있는 학교 귀속 부지 '희망꿈터'는 약 400평 정도의 텃밭으로, 한해 농사를 묵힌 탓에 풀과 온갖 쓰레기가 가득한 묵정밭이었습니다. 풀과 쓰레기를 제거하면서 농사를 지을 수 있는 농사실습장을 함께 만들어나갔습니다. 갓 입학한 1학년과 함께 시작한 청소년농부학교 '씨앗'은 한 해 한 해 농사 경험을 쌓으며 자리를 잡아가고 있습니다.

'씨앗'동아리 학생과 학부모를 대상으로 한 주말농장 '한울타리'가 함께 만들어가는 희망꿈터는 마을이 학교임을 알아가는 지역공동체의 학습장입니다. 이장님을 비롯한 마을 어르신들은 때를 맞춰 심을 작물과 심고 가꾸는 방법부터 수확하는 법까지 세심하게 알려주시는 농사 스승이 되어주시고, 지역사회에서 생태를 연구하는 생태전문가 선생님은 농사와 생태의 중요성을 틈틈이 알려주고 계십니다.

1.2. 생명이 자라는 희망꿈터
3.4. 우리가 키운 채소로 만든 우리 먹거리

텃밭에서 채소를 키우는 과정을 통해 자연과 생명의 소중함을 배운 아이들이 자신이 가꾼 채소를 지역의 이웃과 나누는 활동을 통해 더불어 살아가는 마음을 배우고, 농사를 통해서 순수한 성취감을 느끼고, 또한 그것과 연관된 흥미로운 일들을 만들어 가는 과정을 함께 하고 있습니다. '희망꿈터'의 경험을 통해 자기 것을 나눌 줄 아는 따뜻한 마음을 갖고 살아가기를 기대합니다.

INTERVIEW

청소년농부학교 '씨앗'동아리가 가꾸는 파주광일중 희망꿈터 _ 가후현

먼저 이렇게 큰 상을 주신 것에 대해 감사의 말씀을 드립니다. 무엇보다 이른 봄부터 땀 흘리며 애써 준 학생들에게 영광을 돌리고 싶습니다. 씨감자 자르고 감자싹 제대로 못 넣는다고 한소리 들었지만 아랑곳하지 않고 열심히 임해준 학생들이 있어 풍성한 수확을 거두고 그 기쁨을 함께 할 수 있었습니다. 학생들의 자발성과 적극적인 참여 속에 기쁨과 행복을 발견했기 때문에 가능하지 않았나 싶습니다. 처음 품었던 청소년농부학교의 취지와 목표를 얼마나 충실히 이루고 있는지는 알 수 없습니다. 다만 우리 아이들은 넓은 밭의 부드러운 흙을 만 지고 밟고 마음껏 뛰어놀며 기쁨과 행복을 느꼈습니다. 땡볕에서 일하며 땀의 의미를 체험했습니다. 손수 씨를 뿌 리고 물을 길어 식물에게 주면서 내 밥상에 오르는 먹거리의 의미에 대해 잠깐이나마 생각해 보았습니다. 정성껏 가꾼 채소를 팔면서 번 돈의 가치에 대해 평소 용돈으로 받은 돈과는 다른 의미를 느꼈습니다. 아니, 우리 아이들 이 이런 마음을 가졌으면 하는 꿈을 꾸어 봅니다. 앞으로 그 꿈은 계속될 것이며, 그 꿈을 이루는 데 큰 도움이 되 고 있는 경기농림진흥재단의 지원과 후원에 감사드립니다.

배움상

그린다이져

화성 능동고등학교

공동체 의식과 생명의 소중함을 일깨워 주는 텃밭동아리
자신을 넘어서 이웃에 대한 관심과 사랑의 표현을 실천하다.

위치 : 화성시 능동원천로 315-26
면적 : 33m²
텃밭유형 : 교육텃밭형
주요작물 : 상추, 감자, 고구마, 토마토, 배추, 수박, 참외 외
수상자 : 능동고등학교

"농사 중에 제일 어려운 것이 '자식농사'라 하고 '뿌린 대로 거둔다',
'작물은 농부 발자국 소리를 듣고 큰다'는 속담도 있습니다.
이처럼 농사를 짓는 것과 교육은 일맥상통하는 면이 있습니다."

화성시 동탄에 위치한 능동고등학교에는 학교텃밭을 가꾸는 텃밭동아리 '그린다이져'가 있습니다. 화성시의 학교텃밭 가꾸기 프로그램 운영지원사업을 통해 시작된 그린다이져는 자라나는 청소년들이 농사 경험과 텃밭 생태를 체험할 수 있는 자연학습장입니다. 땅을 일구고 농작물을 심어 물을 주고 관심을 갖고 보살피며 직접 키워 봄으로써 농사일을 경험해보고, 이 과정을 통해 먹거리의 소중함을 알아갑니다. 감자, 고구마, 토마토, 상추, 배추, 수박, 참외 등의 작물을 심고 학교 안에서 팻말을 꾸미거나 조경 수업, 두부 만들기, 천연비누 만들기, 김장 등 여러 활동을 진행합니다.

10평 남짓의 작은 텃밭이지만 텃밭을 매개로 자신을 알아가고, 공동체의 중요성을 알아갑니다. 청소년기의 특징상 자기 자신에게만 집중하고 이기적인 사고로 인하여 여러 어려움을 겪고 있습니다. 그린다이져는 자신을 넘어서 이웃에 대한 관심과 사랑의 표현을 구체적으로 실천하고자 합니다.

각종 채소 및 김장을 푸드뱅크와 지역 어른들에게 전달하고 있으며, 카네이션 화분 만들기(어버이날), 두부 만들기, 천연비누 만들기 등의 다양한 프로그램을 진행하고 있습니다.

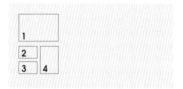

1. 텃밭 지킴이들
2. 아버지, 어머니 감사합니다 – 어버이날 행사
3. 나눔은 행복입니다 – 김장 나눔 행사
4. 건강한 텃밭

그리고 이를 가능케 한 것은 '땀'의 가치와 보람을 아이들에게 전해주고자 노력하고 있는 생태텃밭 강사단의 열정과 정성 그리고 이를 받아들인 친구들과의 소통입니다.

INTERVIEW

💬 **능동고등학교 그린다이져 텃밭가꾸기 _ 능동고 2학년 6반 조재은**

안녕하세요. 우리 그린다이져는 교내 봉사동아리입니다. 공식적으로는 한 달에 한 번 동아리 활동을 하지만 평소에도 매일 당번을 정해 텃밭에 물도 주고 풀을 뽑기도 합니다. 도시에서 자란 저로서는 처음에는 텃밭 가꾸기 활동이 정말 낯설었습니다. 매일 당번을 정해 텃밭에 물주는 것도 힘들고 귀찮았습니다. 그러나 물주기를 통해 가뭄으로 바짝 시들어가는 가지가 생기를 되찾고, 토마토 가지에 열매가 탐스럽게 열리는 것을 보는 것은 기쁨이었습니다. 그동안 잎채소 모종 심기와 씨앗 파종, 지지대 세우기, 음식물 퇴비 만들기, 그리고 어버이날에는 카네이션 화분을 만들어 부모님께 감사의 표현도 했습니다. 또 얼마 전에는 우리 손으로 키운 상추, 쑥갓 등을 푸드뱅크에 기부도 하였습니다. 외부 강사 선생님의 정성어린 설명과 배려로 그동안 어디서도 경험할 수 없었던 다양한 농업 체험을 할 수 있었고, 텃밭 가꾸기를 통해 막연했던 농부님들의 수고가 어떤 것인지 조금이나마 느낄 수 있었습니다. 쏟은 정성에 비례하여 성장하는 채소를 보면서 땀은 사람을 속이지 않는다는 평범한 지혜도 다시 되새겨 보았습니다.

어울림상

즐거운 주말농장

과천 시니어클럽

땀 흘리는 힐링, 이웃과 함께하는 나눔
5060 시니어들의 공동체 텃밭

위치 : 과천시 대공원나들길 63-1
면적 : 165m²
텃밭유형 : 모임텃밭형
주요작물 : 쌈채소, 토마토, 가지, 호박, 배추, 무 외
수상자 : 이상필

"5060의 시니어 공동체가 주축이 되어 텃밭 가꾸기 공동 작업과
이웃과의 나눔을 실천하며,
마을일에 적극적으로 참여하고 있습니다."

과천시 막계동에 위치한 과천시니어클럽의 시니어 공동체 나눔 텃밭은 단순한 텃밭이 아닙니다. 5060 시니어 공동체가 텃밭 가꾸기 공동 작업을 통해 나눔을 실천하는 텃밭입니다. 텃밭을 통해 이웃과 소통하고 친밀감과 연대 의식을 고취시켜 마을 활동에 조직적으로 참여하는 계기를 만듭니다. 이를 통해 마을의 구심점으로 서로 돕고 사는 따뜻한 마을을 만들어 가고 있습니다.

시니어클럽은 이웃공동체이며 시니어들의 행복을 지향합니다. 공동체 사업을 통해 앞으로의 인생을 함께 살아나가며 이웃과 공동체, 지역 사회에 도움이 되는 일을 평생 직업으로 삼아 행복한 노년을 만들어 갑니다.

'도움 받는 시니어'에서 '도움 주는 시니어'로 멋지게 전환한 시니어 텃밭 공동체입니다. 이는 시니어의 사회적 경력과 경륜, 젊은 시니어의 역동성을 기반으로 합니다.

─ PROGRAM ─

5060 시니어들이 가꾸고 있는 10구좌 규모의 공동체 텃밭으로 수확한 농작물을 나누는 소셜다이닝 (밥상공동체)을 운영하고 있으며, '꾸러미 봉지'를 통해 이웃과의 나눔도 실천하고 있습니다.

1	
2	
3	4

1~4. 우리는 힘찬 시니어

인생 후반전의 삶의 가치를 실현하기 위하여 장수사회를 능동적으로 맞이하고, 지역 사회의 중요 자원으로서 은퇴 후 마을일에 보다 적극적으로 참여하는 시니어들이 만들어 가는 즐거운 마을 학교를 기대케 합니다.

INTERVIEW

이웃의 정이 피어나는 즐거운 주말농장 _ 이상필

우리는 5060 시니어들인데 나눔 텃밭에 모이면 모두가 어린 아이가 됩니다. 여기저기 삐죽삐죽 나온 새싹을 보며, 봉긋봉긋 몽우리 진 꽃을 보며, 하나둘씩 맺어가는 열매를 보며 신기한 듯 탄성을 지릅니다. 이 나이에 즐거울 게 없어서일까요. 텃밭에 나와 땀을 흘리는 게 바로 힐링이라고 합니다. 퇴비 거름에 무성하게 자란 청경채를 뜯어 수북하게 쌓아 놓고 이웃과 나눌 꾸러미 봉지를 만들 때 그 기분은 천사라도 된 듯합니다. 10구좌의 작은 텃밭이지만 이십여 명이 모여 힐링과 나눔과 공동체를 만들기에 충분했습니다.

과천시 소재 텃밭을 일목요연하게 조사해서 시민들의 접근이 용이하게 할 계획도 세워두었고, 밭에서 수확한 감자나 고추, 가지 등을 이용해 소셜다이닝(밥상공동체)도 만들었습니다. 한결 풍성해진 밥상에 둘러 앉아 나누는 대화를 듣고 있노라면 영락없는 대가족입니다. 가족과 함께 하는 산책 코스를 텃밭으로 정해 모여드는 우리는 아이나 다름없습니다. 자주 만나는 텃밭 회원은 자연스럽게 생일을 챙기고 승진이나 손주 출산까지 함께 기뻐하는 사이가 되었습니다. 이렇게 텃밭이 이어준 인연은 무궁무진합니다. 내일은 또 다른 이웃의 정이 이곳에서 움트리라 기대하게 됩니다.

토종종자와 함께하는 텃밭사랑

과천 식생활교육네트워크 협동조합

위치 : 과천시 과천동 선바위(과천화훼협회 인근)

면적 : 826m²

텃밭유형 : 모임텃밭형

주요작물 : 가지, 조선호박, 토란, 마, 수미감자, 들깨 외

수상자 : 강보애

토종종자로 짓는 친환경 텃밭 농사
땅의 가치를 지역으로 전파하는 도시텃밭 공동체

"친환경 토종씨앗으로 텃밭 농사를 짓고 있습니다.
텃밭을 일궈 지역을 일구는 도시텃밭 공동체의 시작이기도 합니다."

과천시 선바위에 있는 '토종종자와 함께 하는 텃밭사랑'은 친환경 토종씨앗으로 텃밭 농사를 짓고 있습니다. 텃밭을 일궈 지역을 일구는 도시텃밭 공동체의 시작이기도 합니다. 현재 27가족이 200평의 텃밭을 일구며, 멀칭 없이 씨 뿌리기, 거름 만들기 교육을 받고 힘과 지혜를 합쳐 친환경 농사를 짓습니다. 작물이 자라고 열매가 달리면서 농사를 지을수록 땅이 부드러워지고 깊어진 것을 알게 된 회원들은 이웃과 자연에 대해 고마워하는 법을 배웁니다. 지난 4년 동안의 농사 경험으로 가족과 그 땅을 살리는 가치만이 아니라 더 큰 커뮤니티와 더 넓은 땅을 살릴 수 있다는 확신을 가지고 그 가치를 지역에 확산시킬 때 우리 지역이 더 건강해진다는 희망을 가지고 있습니다. 토종종자 살리기를 위해 '토종종자은행 설립'과 '얼굴 있는 로컬푸드 시장' 만들기라는 새롭고 즐거운 꿈을 꾸고 있습니다. 텃밭 활동은 학생들이 피부로 자연과 생명에 대해 느낄 수 있는 생생한 생활환경 수업이기도 합니다.

멀칭 없이 씨 뿌리기, 거름 만들기 교육 등을 통해 친환경 농사를 짓습니다. 토종종자 살리기를 위해 '토종종자은행 설립'과 '얼굴 있는 로컬푸드 시장' 만들기도 준비하고 있습니다.

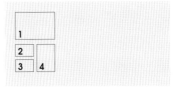

1~4. 토종으로 시작하는 도시에서 함께 사는 이야기

아이들이 만나는 텃밭 선생님은 마을 교사이자 텃밭 농사꾼으로서 직접 농사지은 채소로 바른 먹을거리를 만드는 법을 가르쳐 줍니다.

공동 텃밭은 학생들의 자원봉사 현장이 되고, 공동 텃밭의 소출은 지역아동센터에 이웃 사랑의 선물이 됩니다. 텃밭 먹을거리를 매개로 과천지역 주민들이 지역공동체에 접속하게 만드는 일, 텃밭에서 시작해 공동체 전체로 퍼져가는 '함께 사는 법'에 대한 공감을 지역에 불러일으키는 것이 토종종자와 함께 하는 텃밭사랑의 큰 꿈입니다.

INTERVIEW

과천 토종 텃밭사랑 _ 이오복

'도시텃밭대상' 어울림상 수상의 기쁨을 회원분들과 함께 나누고 싶습니다. 그동안 이웃들과 함께 즐겁게 농사를 지었다고 칭찬하신 것 같아 더 보람 있습니다. 처음엔 이 넓은 밭을 어떻게 해야 하나 참 막막하기도 했습니다. 남편과 아이들은 부푼 기대감으로 서투른 삽질을 하고 거름을 넣었습니다. 물론 함께 농사짓는 선생님들의 도움과 조언을 받으면서요. 텃밭에 채소들이 하나씩 둘씩 점점 늘어나면서 자꾸만 텃밭에 오고 싶어지고, 이 녀석들이 잘 자라고 있는지 궁금해졌습니다. 제 때 물을 주고 보살펴주면 잘 자라는 채소들이 대견하기도 했습니다. 텃밭에 올 때마다 선물을 한아름 받아가는 것도 저에겐 큰 기쁨이었습니다. 또한 이렇게 키운 채소로 식탁을 채우고 남편과 아이들이 맛있게 먹는 모습을 보는 것은 더 큰 기쁨이었습니다. 같은 아파트 이웃들과 함께 나눠먹는 기쁨은 말로 표현할 수 없을 정도였구요. 내년에는 좋은 거름과 천연살충제를 만들어 사용해보고 토종씨앗을 채종도 해보아야겠다는 소박한 꿈도 가지게 되었습니다. 그리고 가을농사도 텃밭 회원들과 잘 어울려 짓고 싶습니다.

퇴촌 토마토평화마을

광주
토마토평화마을협동조합

이웃과 어울리기, 농사의 재미 알기, 지역과 함께 하기,
건강한 순환의 이치 알기 등을 추구하는 텃밭 공동체

위치 : 광주시 퇴촌면 정지리 299-2
면적 : 1,652m²
텃밭유형 : 모임텃밭형
주요작물 : 상추, 고구마, 콩, 땅콩, 옥수수, 부추, 당근 외
수상자 : 박광천

"음식물 찌꺼기와 풀로 퇴비를 만드는 자연 선순환을 추구하고,
이를 실천하고자 생태화장실, 포란실을 갖춘 닭장, 퇴비장을 직접 짓고
건강한 순환과 지속가능한 농업을 위한 실천 방안을 찾아가고 있습니다."

광주시 퇴촌 토마토평화마을은 생태체험학습을 진행하는 마을기업입니다. 자연생태체험을 하면서 도시농업을 공부한 평화마을 세 분의 안주인들이 도시농업의 맛과 멋을 광주시민과 나누고자 퇴촌 토마토평화마을에 도시텃밭 공동체를 꾸렸습니다. 도농복합지역인 광주에서 도시농업을 통해 이웃과 어울리기, 농사의 재미 알기, 농사로 건강해지기, 건강한 순환의 이치 알기, 지역과 함께 하기 등을 목표로 멋진 텃밭 공동체를 만들어 가고 있습니다.

시농제를 통해 마음트기를 하고, 보다 흥미로운 활동 찾기를 위해 지속적으로 노력하고 고심하고 있습니다. 공동체 감자를 심고, 음식을 나누고, 아이들은 진흙놀이와 삽으로 땅파기를 하며 흙, 텃밭, 낯선 이들과 친해집니다. 가능한 짚, 풀, 신문지로 멀칭을 하고, 똥과 오줌, 음식물 찌꺼기와 풀로 퇴비를 만드는 자연 선순환을 추구합니다.

─── **PROGRAM** ───

짚, 풀, 신문지로 멀칭을 하고, 음식물 찌꺼기와 풀로 퇴비를 만드는 자연 선순환을 추구하고, 이를 실천하고자 생태화장실, 포란실을 갖춘 닭장, 퇴비장을 직접 짓고 활용합니다.

1~4. 텃밭에서 시작하는 땅, 동물, 사람의 평화이야기

이를 실천하고자 생태화장실, 포란실을 갖춘 닭장, 퇴비장을 직접 짓고 함께 하는 이들과 건강한 순환에 대해 고민하고 지속가능한 농업을 위한 여러 실천 방안을 찾아가고 있습니다.

공동 경작으로 자루텃밭에 심은 감자를 수확하는 날에는 함께 감자를 삶아 먹고, 씨드림에서 토종 씨앗을 지원받아 그 씨앗을 나누고, 각자 농사짓기보다 함께 모이려 노력하고 서로를 알기 위해 노력하는 텃밭 공동체입니다.

INTERVIEW

마음까지 나누는 퇴촌 토마토평화마을 _ 박광천

소설가 박완서 선생님이 쓰신 어느 글에 이런 이야기가 있습니다. "마당이나 자투리땅이 있으면 꽃을 키우시라. 먹고 살만한 사람들도 흙만 보면 어떻게든 텃밭을 일궈 푸성귀를 키워먹는데, 힘들게 농사짓는 농부님들을 위해 푸성귀는 그저 사드시고 꽃을 키우시라." 어린 맘에 정말 그래야 한다고 생각했습니다. 그러다가 어쩌다 배우게 된 도시농부학교에서 생명의 신비함, 조금이라도 자급하려는 마음가짐, 그리고 푸드 마일리지까지 다양한 이야기를 듣게 된 후 다시 귀가 얇아져서 어디 한번 해보자 싶었습니다. 혹세무민하는 사람들이라는 지청구를 들으면서도 우리 농장에서 만큼은 풀 멀칭을 한번 시도해보고 싶었고, 모인 사람들끼리 농산물만 가져갈 것이 아니라 마음도 나눠가져가게 하고 싶었고, 아이들이 토종종자에 한번쯤 관심을 가져볼 수 있게 하고 싶었습니다.

작은 시도에 큰 상을 주시니 감사한 마음보다 겁이 덜컥 났습니다. 초심 잃지 말라는 채찍질이 아닌가 싶습니다.

풀로 덮여버린 텃밭에 풀도 좀 깎아 멀칭도 더 하고, 채종하려고 널어놓은 상추랑 메밀도 빨리 손봐야겠습니다.

그리고 말끔해진 농장에서 풀벌레 우는 시간에 텃밭 식구들과 조촐한 축하자리를 마련해야겠습니다.

어울림상

사랑나눔 주말농장

구리 수택1동
주민자치위원회

위치 : 구리시 토평동 724-4

면적 : 1,550m²

텃밭유형 : 모임텃밭형

주요작물 : 배추, 토마토, 옥수수, 고구마, 감자, 상추 외

수상자 : 문희복

나눔을 실천하는 도시텃밭 공동체

지역 청소년과 어르신들을 위한 봉사활동

"사랑나눔 주말농장은 관내 주민들의 소통 공간일 뿐만 아니라,
지역 공동체를 회복하고
지역의 이웃에게 따뜻한 나눔을 실천하는 특별한 공간입니다."

'사랑나눔 주말농장'은 구리시 수택1동 주민자치위원회가 관내 주민을 대상으로 분양하는 주말농장입니다. 이곳은 따뜻한 마음을 가진 토지주가 좋은 일에 쓰길 바라며 선뜻 땅을 내어주었습니다. 이에 주민자치위원들의 의지와 노력으로 50가구가 행복한 텃밭 이야기를 만들어가고 있으며, 삭막한 도시 생활 속에서 주민간의 교류와 화합의 기회를 제공하고 있습니다.

수택1동 주민자치위원회에서는 2011년부터 주말농장 운영을 통해 얻은 수익금으로 소외계층 아이들에게 꿈과 희망을 주고 건강한 여름나기를 위한 여름방학 캠프를 실시하고 있고, 일회성이 아닌 지속적인 관심을 기울여 지역 청소년들이 밝고 건전한 청소년으로 성장할 수 있는 버팀목이 되도록 노력하고 있습니다. 또한 매년 자매결연 어르신들에게 식사를 대접하는 등 다양한 봉사활동을 하고 있습니다.

1	
2	
3	4

1~4. 나누는 텃밭, 행복한 텃밭이야기

'사랑의 손잡기-대화의 창'이라는 주제로 소외된 노인들을 위로하고 훈훈한 정과 대화를 나누는 시간을 가지고 있고, 가을이면 주민자치위원들이 주말농장에서 직접 재배한 배추로 200포기의 김장을 담급니다. 이렇게 '사랑의 김장 만들기'로 담근 김치 60박스는 자매결연 어르신 등 관내 소외계층 이웃들에게 전달됩니다.

사랑나눔 주말농장은 민간 중심으로 네트워크를 형성하고, 도시텃밭을 통해 지역공동체를 회복해가고, 지역의 이웃에 나눔을 실천하는 활동을 통해 더불어 살아가는 마음을 배우는 도시텃밭 공동체입니다.

INTERVIEW

이웃 사랑을 실천하는 구리시 사랑나눔 주말농장 _ 구리시 수택1동 주민자치위원회 일동

구리시 수택1동 주민자치위원회 사랑나눔 주말농장은 관내 주민들의 소통 공간일 뿐만 아니라 이웃과 나눔을 실천하는 특별한 공간입니다. 다른 분들과 함께 나눔의 기쁨을 공유하고 싶어서 응모했는데 이렇게 좋은 결과까지 따라주어 감사하고 행복합니다.

행복한 텃밭 이야기를 함께 만들어가고 있는 50여 가족과 함께 기쁨을 나누고 싶고, 앞으로도 이 따뜻한 공간을 계속 지켜나가며, 초심을 잃지 않고 주말농장을 운영하도록 하겠습니다. 특별상으로 저희를 응원해 주셔서 감사합니다.

진접읍 남녀새마을협의회 텃밭

남양주 남녀새마을협의회

4개 단체가 함께하는 기쁨, 그리고 나눔
친환경 먹거리의 판매 수익금은 복지재원으로 활용

위치 : 남양주시 진접읍 내곡리 483-3번지
면적 : 3,770m²
텃밭유형 : 모임텃밭형
주요작물 : 감자, 고구마, 배추, 무, 옥수수 외
수상자 : 오세연

"이웃과 같이 농작물을 키우고 수확한 농작물을 나누는
행복한 도시텃밭 공동체를 만들어 가고 있습니다."

남녀새마을협의회 텃밭은 남양주시 진접읍 내곡리 체육공원 옆 유휴지(국토교통부 소유의 국유지)를 진접읍 남녀새마을협의회가 경작하는 유기농 도시텃밭입니다. 도시유기농업을 확산시키고 텃밭에서 재배한 먹거리를 복지 기금으로 활용하여 주위의 어려운 이웃에게 나눔을 실천하는 도시텃밭 공동체입니다. 유기농 재배의 원칙을 지키고자 제초제를 일체 사용하지 않고 텃밭 가꾸기 회원들이 수시로 수작업으로 제초 작업을 해서 지속적으로 텃밭을 관리하고 있습니다.

텃밭에서 감자 80박스, 고구마 250박스를 수확하여 이를 판매한 수익금으로 가을에는 배추 1,500 포기와 무 1,000개로 경은학교 등 여러 도시농업공동체와 함께 김장 축제를 개최하였습니다. 도시농업을 통한 수확의 기쁨과 나눔의 행복을 함께 나누고 있습니다. 공동체 회원 간의 협업을 통해 담근 김장 김치는 지역 어르신 250명의 겨울 양식이 됩니다.

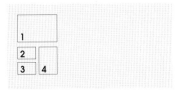

1~4. 함께하는 도시텃밭, 나누는 행복함

남양주시는 도시농업 활성화를 위하여 도시농업공동체 54개 단체를 지정 등록하고, 도시농업위원회를 운영하여 우수 공동체에 대한 지원을 꾸준히 하고 있습니다. 2014년엔 진접읍 남녀새마을협의회 도시텃밭이 최우수 도시농업공동체로 선정되었습니다. 도시가 숨을 쉬고 이웃 간에 행복을 나누는 일에 도시텃밭이 큰 역할을 하고 있습니다.

INTERVIEW

💬 사랑과 나눔의 열매가 커가는 진접읍 남녀새마을협의회 텃밭 _오세연

사랑의 씨앗을 싹 틔우고 있는 도시텃밭은 진접읍 남녀새마을협의회와 진접읍 복지넷 그리고 읍사무소 등의 단체가 협력하여 밭고랑을 만들고, 비닐 작업 및 파종을 하고, 유기농 재배를 위하여 농약이 아닌 손으로 잡초를 제거하며 관리 및 운영하고 있습니다. 이 텃밭에서 수확한 친환경 먹거리의 판매 수익금은 어려운 이웃을 위한 복지재원으로 쓰이고 있으며, 겨울에는 김장 행사 등을 통하여 소외된 이웃에게 마음까지 따뜻한 선물을 하고 있습니다. 올해도 4월 개장식을 하고 구슬땀을 흘려가며 텃밭을 열심히 일구고 있을 때, '도시텃밭대상' 공모전을 알게 되었고 우리 도시텃밭을 알릴 수 있는 좋은 계기라 생각되어 응모하게 되었습니다. 도시텃밭을 알릴 수 있는 기회와 특별상 수상의 영예를 주신 주최기관과 그동안 텃밭을 잘 이끌어 나갈 수 있도록 도움을 주신 여러분께도 감사의 마음을 전하고 싶습니다. 앞으로도 특별상 수상에 걸맞게 도시텃밭을 통한 유기농업의 확산에 동참하고, 사랑과 나눔의 열매가 더욱더 풍성한 결실을 맺도록 노력하겠습니다.

어울림상

딩더쿵 어린이집

성남 공동육아모임

너와 내가 어울려 함께 세상 살아가기

도시에서 생태적으로 살아가는 법을 익히는 텃밭 공동체

위치 : 성남시 분당구 수내동 산 49

면적 : 13m²

텃밭유형 : 교육텃밭형

주요작물 : 상추, 로메인, 감자, 옥수수, 당근, 가지, 오이 외

수상자 : 박현정

"덩더쿵 텃밭은 생태 텃밭을 공동육아 덩더쿵의 전통으로 만들고자 하는 이들이 가꾸는 신나는 텃밭 공동체입니다. 더 많은 이웃과 마음을 나누고 정을 쌓아갈 아름다운 텃밭 공동체입니다."

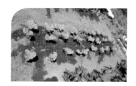  

덩더쿵 텃밭은 성남시 분당구 수내동 불곡산 자락에 퇴비장을 조성하고, 빗물저금통을 이용하여 숲 속 작은 텃밭을 경작하는 텃밭 공동체입니다. 삽과 쟁기로 텃밭을 만드는 아빠, 흙놀이 하는 아이들, 새참 만드는 엄마가 함께 만들어 가는 텃밭입니다. 공동육아라는 쉽지 않은 활동을 통해 공동체의 장점을 알아가는 과정을 함께 하고 있습니다.

공동육아 덩더쿵 어린이집 아이들은 바깥나들이 삼아 텃밭으로 나옵니다. 덩더쿵 텃밭은 아이들에게도 부모에게도 생태놀이터이며 배움터입니다. 덩더쿵 텃밭은 다양한 인간관계와 함께 자연과의 관계를 중요하게 여깁니다. 더불어 살아가는 관계 맺기가 중요함을 배우도록 자연과 가까이 하고, 건강하고 안전한 먹거리를 기르고 먹습니다. 자연에서 노는 과정을 통해 아이들은 자발적이고 주체적으로 성장합니다. 텃밭을 오가며 만나는 자연물을 보고, 듣고, 만지고, 맛보고, 냄새 맡으면서 오감을 살립니다.

┌─ **PROGRAM** ─┐

농작물 경작에 빗물저금통을 이용하고 있으며, 온 가족이 텃밭 가꾸기에 모두 참여하고 있는 공동육아 텃밭 공동체입니다.

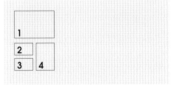

1~4. 텃밭에서 함께 하는 즐거움

자연과 아이들이 하나가 되는 역동적인 텃밭 활동을 통해 계절의 변화를 자연스럽게 체험하고 인식합니다. 자연을 누리며, 도시에서 생태적으로 살아가는 법을 익히며, 아이들과 교사, 학부모들의 건강한 성장을 꿈꾸는 텃밭공동체입니다.

INTERVIEW

단단한 공동체를 만들어준 덩더쿵 텃밭 _ 박현정

2001년부터 시작된 덩더쿵 공동육아 어린이집 텃밭을 지켜온 수많은 엄마, 아빠, 아이들의 노력이 이번 '도시텃밭대상'을 통해 빛을 발한 것 같아 기쁘고 또 감사합니다. 대부분 도시 속에서 자란 엄마, 아빠, 아이들은 땅이 주는 가치를 잘 몰랐습니다. 소중한 먹거리들이 얼마나 힘들고 지난한 과정을 거쳐 우리에게 주어지는 것인지 몰랐습니다. 그러나 덩더쿵 텃밭을 만나면서 기름진 땅을 만든다는 것이 얼마나 어려운 일인지, 씨앗을 심고 싹을 틔우는 것은 또 얼마나 힘든 일인지, 조금씩 깨달아 갔습니다. 그래서 더 고맙고 소중한 우리 텃밭입니다. '아이의 행복' 외에는 별다른 공통점이 없는 어른들이 모여 공동체를 꾸려 간다는 것은 결코 쉬운 일이 아니었습니다. 오해가 쌓여 마음이 상하기도 하고 내 마음과 다른 상대를 이해하지 못해 힘든 순간도 있었습니다. 하지만 관계 안에서 발생하는 어려움의 순간마다 함께 김을 매고 마른 땅에 물을 주고 알알이 영글어 가는 감자, 토마토, 오이, 가지를 수확하며 한 고비를 넘기고 또 한 고비를 넘기며 점점 단단해지는 공동체를 만들어 갈 수 있었습니다.

직접 텃밭을 가꾸고 물을 주고 씨앗을 심고 생명의 소중함을 하나하나 알아가는 아이들의 모습만으로도 덩더쿵 텃밭은 저희에게 절대 없어서는 안 되는 소중한 땅입니다. 그런 우리의 텃밭을 많은 분들께 선보이고 칭찬 받고, 또 부족한 점은 채울 수 있도록 좋은 기회를 주신 경기농림진흥재단에 깊은 감사의 말씀을 드립니다.

어울림상

꽃뫼마을 어울림텃밭

수원 꽃뫼버들마을
나누며가꾸기회

텃밭은 자연을 담는 작은 그릇
아파트에서 맛보는 농사짓는 즐거움

위치 : 수원시 팔달구 정자천로 32번길, 20 꽃뫼버들마을
면적 : 66m²
텃밭유형 : 모임텃밭형
주요작물 : 돼지감자, 토마토, 쌈채소, 고추, 산채 외
수상자 : 조안나

"텃밭을 통해 자원 순환을 배우고 실천하며 환경운동 실천가가 됩니다.
꽃과 퇴비로 만든 소중한 인연이
아름다운 공동체를 만들어 갑니다."

　수원시 화서동 꽃뫼마을 어울림텃밭은 놀이터 옆 양지 바른 곳에 있습니다. 아이들과 함께 만드는 생태텃밭에는 토종옥수수, 토마토, 고추, 마, 들깨, 결명자, 고구마가 소박하게 심어져 있습니다. 어울림텃밭이 특별한 것은 아파트 전체가 꽃밭이며 텃밭이라는 점입니다. 꽃밭을 만드는 환경 실천 활동을 통해 지속적으로 텃밭 면적도, 그리고 참여 주민도 늘어나고 있습니다. 각 동에 딸린 아파트 화단에는 자기 동은 자기가 지킨다는 이웃이 있어 방풍나물, 종지나물, 구절초, 명이나물, 곤드레, 천남성, 금전초 등의 꽃이 사계절 내내 피고지고 합니다. 봄이면 아파트 화단에서 봄나물을 캐고, 산딸기와 앵두를 따 먹으며 자연이 주는 혜택을 가까이에서 느끼고 향유하고 있습니다.
　어울림텃밭의 상징은 한 평 퇴비장입니다. 늦가을에 발생하는 대량 생활 쓰레기인 낙엽 쓰레기와 김장 쓰레기로 퇴비를 만들고, 이 퇴비를 다시 아파트 단지에서 활용합니다.

1.2. 따뜻한 사람들이 만드는 행복한 에너지
3.4. 꽃을 가꾸고, 텃밭을 아이들과 함께 키워요.

아파트의 한 평 공간을 활용해 쓰레기를 퇴비로 만들면서 환경보호 효과를 얻고, 또한 이 과정을 아파트 주민들과 함께 합니다. 꼬물꼬물 지렁이와 흙 속에 사는 다양한 미생물을 살리고, 흙을 살리는 과정을 함께 합니다. 텃밭을 통해 자원 순환을 배우고 실천하며 환경운동 실천가가 됩니다. 꽃과 퇴비로 만든 소중한 인연이 아름다운 공동체를 만들어 갑니다.

INTERVIEW

꽃뫼마을 어울림텃밭 _ 조안나

'도시텃밭대상'에서 특별상인 어울림상을 수상하게 되었다는 소식을 접했을 때 날아갈 듯 기분이 좋았습니다. 우리가 농사짓는 곳이 아파트이고, 아파트라는 곳이 많은 사람들이 함께 사는 공간인지라 여러 사람의 의견을 조율하면서 농사짓는 것이 얼마나 어려운 일인지를 경험했기에 더 기뻤습니다. 작년까지 만해도 화단에 몇몇 주민분들이 심어놓았던 고추, 상추, 호박이 뽑혀져 나갔습니다. 관리자 측에서는 한둘이 시작하면 모든 화단의 화초들이 다 뽑히고 농작물로 심겨질까봐 염려가 된 모양이었습니다. 그래서 관리사무소에 허락을 받고 뽑혀져서 버려진 작물을 한데 모아 아이들을 위한 체험용 텃밭을 만들고 그곳으로 옮겨 다시 심었던 기억도 납니다. 개인적인 희망은 아파트에서 살면서도 농사를 지을 수 있다는 사례가 더 많이 확산되는 계기가 되면 좋겠습니다. 그동안 함께 농작물을 키우며 즐거워하셨던 우리 이웃들의 기쁨을 좀 더 많은 입주민들이 함께 경험할 수 있도록 하는 것은 정말 의미 있고 신나는 일이 될 것입니다.

두렁두렁 나눔텃밭

안산 단원사랑

단원고와 인연이 닿은 70여 명의 단원사랑봉사단
안산도시농업농장에서 두런두런 행복 나누기 실천

위치 : 안산시 단원구 초지동 747
면적 : 231㎡
텃밭유형 : 모임텃밭형
주요작물 : 고추, 호박, 가지, 토마토, 감자, 상추, 고구마 외
수상자 : 정명숙

"자연이 주는 건강한 에너지를 지역에 나누는 작은 실천은 나비효과가 되어
지역공동체로 확산될 것입니다. 또한 도시 속에서 어떻게 하면
생태적이고 공동체적인 문화를 만들어나갈 수 있을지를 함께 고민합니다."

안산시는 도심 유휴지를 활용한 주말농장인 안산도시농업농장 1,840구좌를 안산시민을 위해 분양하고 있습니다. 그 중 70평을 단원사랑봉사단이 분양받아 두렁두렁 나눔텃밭을 경작하고 있습니다. 단원사랑봉사단은 단원고와 인연이 닿은 70명의 가족이 활동하고 있고, 10년 전부터 재학생과 함께하는 여러 봉사 활동을 진행하고 있습니다. '흙의 힘'을 믿는 단원사랑봉사단은 함께 텃밭을 일구며 흙이 돌려주는 정직한 보람에 몰입하는 과정을 함께 합니다. 농장에서 수확한 채소는 선부 2동에 위치한 지역아동센터, 노인요양시설 등 여러 시설에 나눔합니다. 자연이 주는 건강한 에너지를 지역에 나누는 작은 실천은 나비효과가 되어 지역공동체로 확산될 것입니다.

두렁두렁 나눔텃밭은 어린이와 청소년, 학부모가 함께 흙을 밟고 작물을 키우는 농사를 통해 땀의 보람과 가치, 성취의 기쁨을 맛보며 건전한 사회 구성원으로 성장하기를 소망합니다.

1~4. 자연과 소통하며 성장하는 텃밭이야기

사람과 사람, 사람과 자연이 소통하는 현장 속에서 얻어지는 건강한 결실, 그것이 바로 두렁두렁 나눔텃밭이 지역에 나누고 싶은 이야기입니다. 지난 봄 세월호 사고 직후에는 안산시합동분향소 단원 사랑부스를 하루도 빠짐없이 운영하면서, 아픔과 고통에서 조금씩 벗어나 평온한 일상으로 돌아가는 치유의 과정을 함께 하고자 했습니다.

INTERVIEW

평범한 사람들에게 온 특별한 선물 _ 정명숙

생텍쥐페리의 『어린 왕자』에 나오는 '왕자의 장미'는 어린 왕자가 각별히 사랑하고 관심을 쏟은 장미 중의 장미입니다. 우리는 누구나 '나만의 장미'를 가슴에 간직하고 살아가면서 삶의 위안과 행복을 느낍니다. 흙 반 돌 반의 척박한 황무지 땅이었던 '두렁두렁 나눔텃밭'은 이제 옥토가 되어 온갖 채소들이 싱그럽게 자라는 순박한 농부의 텃밭으로 그 푸름을 뽐내고 있습니다. 일터에서 바쁘게 일하며 짬을 내 가족과─유치원생부터 대학생까지─ 함께 봉사활동을 하는 지극히 평범한 봉사단원들의 얼굴에는 항상 푸른 미소가 머물고 있고, 그리고 텃밭에서 수확한 농작물 불우이웃에게 배달할 때면 봉사단원들은 저마다 가슴 속 '나만의 장미'를 위해 사랑과 관심 그리고 애정을 쏟고 있다는 행복, 바로 봉사의 기쁨을 맛보고 있습니다.

이처럼 평범한 일상을 살아오던 봉사단원들에게 자신들이 하는 일이 결코 평범하지 않고 소중한 가치를 지닌 일 이라는 자긍심을 심어준 뜻하지 않은 사건이 있었으니, 그것은 바로 경기농림진흥재단에서 주관하는 '도시텃밭대 상'에서 특별상을 수상하게 된 것입니다. 이번 특별상 수상을 계기로 지금껏 해오던 봉사활동을 더 열심히 해야겠 다고 다짐하며, 주변 분들도 자신들의 마음속에 '나만의 장미'를 소중하게 가꾸시길 소망해 봅니다.

땀흘림상

옥상 미니정원

성남 최원학가족

가꾸는 이의 정성이 자라는 옥상텃밭
이웃과 수확물을 나누는 푸근한 인심

위치 : 성남시 수정구 제일로 187번길 12-6
면적 : 59㎡
텃밭유형 : 거주지텃밭형
주요작물 : 고구마, 고추, 더덕, 열무 외
수상자 : 최원학, 정혜경

"나무와 약초와 채소를 기르는 정성과 귀한 먹거리를 나누는 인심,
바쁜 일상 속에서 옥상 텃밭을 가꾸며 느끼는 즐거움을
이웃과 나누고 살아가는 두 분의 모습이 참 아름답습니다."

성남시 수정2동 좁은 골목 안은 작은 화분과 스티로폼으로 만든 미니 텃밭이 먼저 사람을 반깁니다. 동네 어귀에서 만난 어르신들께 듣게 되는 텃밭 이야기는 "저 위로 올라가면 더 좋아"입니다. 낡고 좁고 가파른 계단을 통해 오른 옥상은 그 위험을 감수할 만큼의 기쁨이 가득한 공간입니다. 크고 작은 고무통을 이용해 집에서 나오는, 간이 배지 않은 음식물쓰레기로 퇴비를 만들고, 봄이면 퇴비와 흙을 섞어 옥상텃밭용 맞춤 흙을 만듭니다. 그렇게 만들어진 크고 작은 텃밭에 적절한 시기에 씨앗을 뿌리고, 모종을 심어 기릅니다. 여름이면 아침, 저녁으로 물을 주고, 진딧물이 생기면 진딧물을 잡으며 정성으로 옥상텃밭을 가꿉니다. 이렇게 가꾼 채소들은 이웃과 지인들과 나눕니다. 두 분 어르신들의 인심은 골목 어귀에서 만난 이들의 칭찬이 자자할 정도입니다. 옥상을 텃밭으로, 화단으로 만드는 힘든 과정이 보입니다.

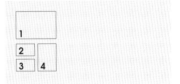

1~4. 옥상텃밭에서 자라는 건강한 삶

가파른 계단을 통해 하나하나 지고 나르는 수고를 통해 만들어진 옥상텃밭입니다. 이곳엔 여느 화분과 다른 초록 띠 화분 높임이 둘러져 있습니다. 깊이가 낮은 화분 하나하나에 직접 제작한 화분 높임으로 높이를 돋우어 작물에 더 많은 것을 주기 위한 노력을 끊임없이 하고 계십니다. 고추가 자라는 화분 속에는 고구마를 함께 키우고, 더덕이며 도라지 등의 약초와 포도나무도 옥상텃밭의 일원입니다. 겨울이면 직접 제작한 미니하우스에서 쑥, 열무, 마늘이 자랍니다. 사람의 정성 어린 손길이 지닌 힘을 보여주는 작지만 큰 옥상텃밭입니다.

INTERVIEW

가꾸는 즐거움을 선물해주는 옥상텃밭 _ 최원학

평소 옥상텃밭을 가꾸면서 도심 속에서 아침, 저녁으로 작물들이 자라는 모습을 볼 때마다 남들이 느끼지 못할 희열을 느꼈습니다. 계절의 변화를 누구보다 먼저 알려주는 것도 이 작물들입니다. 가꾸는 즐거움을 선물해주는 이 작물들을 다른 사람들에게 자랑하고 싶을 때가 많았는데, 이번 '도시텃밭대상' 공모전에 딸아이가 응모를 하여 이렇게 수상까지 하게 되어 너무나도 기뻤습니다. 앞으로 도시 곳곳에 도시텃밭의 주인들이 많이 늘어나 저와 같은 기쁨을 많은 사람들이 느꼈으면 좋겠습니다. 텃밭은 그 규모가 크든 작든 수확을 하는 즐거움은 물론 이웃과 나누는 행복을 맛보게 해줍니다.

너를 위한 마음텃밭

수원 사회적기업 팝그린
원예교육지도사 모임

위치 : 수원시 장안구 하광교동 263
면적 : 165m²
텃밭유형 : 모임텃밭형
주요작물 : 야생화, 엽채류, 과채류, 수박 외
수상자 : 김선애

주제가 있는 다양한 텃밭정원
작물을 수확하는 텃밭에 관상 효과를 더하다.

"도시텃밭은 자연과 멀어진 우리의 환경과 각박한 인간관계를 되돌아보게 해줍니다.
기다림이 미덕이 아닌 미련한 짓으로 치부되는 세상에서
올바른 먹을거리와 생명을 존중하는 건강한 마음을 선물해줍니다."

수원시 광교에 위치한 '너를 위한 마음텃밭'은 사회적 기업 '팝그린'이 진행하는 '조경과 도시농업의 융복합, 아름다운 도시농업 정원 만들기' 과정을 통해 만난 교육생들이 조성한 텃밭입니다. 교육생이 함께 키울 작물을 고르고, 파종하고, 모종을 심고, 돌아가며 물을 주는 정성으로 가족의 건강과 행복을 함께 가꾸고 있는 텃밭입니다.

채소와 열매를 수확하는 텃밭에 정원으로서의 관상 효과를 더한 '텃밭정원'은 일석이조의 효과를 거둘 수 있습니다. 꽃이 있어 보기에 아름답고, 해충의 피해로부터 채소를 보호할 수 있기 때문입니다. 채소는 유난히 벌레의 공격을 많이 받습니다. 이 벌레를 막기 위한 '생물학적 퇴치' 기법으로는 천적이 되는 새를 불러들이는 방법과 섞어 심기가 있습니다. 한 종류의 채소를 줄지어 심는 것은 곤충들에게 '어서 와, 여기에 먹을거리 많아'라는 메시지를 주는 행위나 마찬가지입니다.

─PROGRAM─

채소정원, 허브정원, 야생
화정원, 유실수정원, 수생
정원 등 주제가 있는 텃밭
정원을 조성하였으며, 벌
레를 막기 위한 '생물학적
퇴치' 기법을 적용하였습
니다.

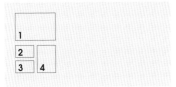

1~4. 텃밭과 정원이 전하는 아름답고 건강한 삶
이야기

텃밭정원을 위해서는 식물의 지지대를 아름답게 설치해주는 것도 중요합니다. 완두콩, 오이, 호박, 고추, 가지 등은 지지대가 있어야 식물들이 줄기를 튼튼하게 키우는 일을 중단하고 열매를 맺는 데 힘을 쏟습니다. 그래서 지지대의 설치가 필수적인데 이 지지대를 포함해 과실수를 좀 더 아름답게 키우는 노력이 텃밭을 '정원'의 개념으로 끌어주는 원동력입니다. 텃밭에서 무엇인가를 기르고 그 성장을 지켜보고, 그것이 우리의 먹을거리로까지 연결되는 이중의 즐거움을 맛볼 수 있는 것이 텃밭 정원의 가장 큰 매력입니다.

INTERVIEW

너를 위한 마음텃밭 _ 김선애

초록빛 식물에 하나둘 생명이 움트기 시작할 때, 같은 목표를 가진 이들과의 새로운 인연이 시작되었습니다. 어색함과 낯설음은 서툰 호미질로 땅속 깊숙이 묻어두고, 겹겹이 쌓였던 옷들이 따뜻한 햇살에 벗겨지듯 우리들의 새로운 출발에도 햇살이 드리웁니다. 혼자서는 서있기조차 힘든 넝쿨 모둠 밭에는 지주대의 위엄을 자랑해주고, 튼튼이 텃밭에는 각종 몸에 좋은 건강 채소를 심습니다. 주렁주렁 열매 채소 모둠텃밭 주인장들은 잘 익은 열매를 호시탐탐 노리는 옆밭지기들을 방어하기 바쁘고, 모든 걸 내려놓게 만드는 쉬어가는 텃밭은 눈을 힐링하고 마음을 따뜻하게 합니다. 고추 곁순 제거를 한다는 것이 생장점을 잘라버리고, 새로운 싹이 올라오는 것도 모르고 잡초라며 모두 뽑아버리는 우왕좌왕 어설픈 초보 텃밭지기들이지만 따뜻한 사랑만큼은 그 어떤 지주대보다도 높았습니다. 넝쿨작물이 지주대에 기대듯 다함께 호흡했던 우리들은 흙내음도 땀내음도 사람내음도 서로같이 나눕니다.

좋은 시간과 행복했던 순간들에 영광스러운 상까지 함께하게 되니 가슴속 깊이 추억의 한 페이지로 남겨집니다.

땀흘림상

공동체텃밭

안양 도시농업포럼

도시농부를 꿈꾸는 이들이 가꿔나가는 도시텃밭
텃밭 속에 정원이 있고, 정원 속에 텃밭이 있는 텃밭정원

위치 : 안양시 동안구 비산동 100-1번지

면적 : 298m²

텃밭유형 : 모임텃밭형

주요작물 : 각종 엽채류, 근채류, 과채류, 화훼류

수상자 : 송유연

"텃밭 농사를 꿈꾸는 사람, 귀농귀촌을 준비하는 사람, 텃밭에서 정서적 안정과
힐링이 필요한 사람들이 모여 도시농업 공동체를 만들어 갑니다.
도시농부가 되기 위한 기본적인 토양에 대한 이해와 다양한 체험 활동을 함께 합니다."

안양시 비산동 관악산 자락에 위치한 안양도시농업포럼 공동체텃밭은 경기농림진흥재단 경기귀농귀촌
대학 안양도시농사꾼학교의 실습농장과 공동체텃밭, 화단과 정원, 비닐하우스를 갖추고 있습니다. 토지주
가 잘 가꾸고 있는 정원과 공동체의 텃밭을 포함하는 독일의 클라인가르텐(우리말로 '작은 농장' 오두막을 갖춘 조그
만 정원)과 비슷합니다. 8개의 틀밭을 직접 만드는 수고를 통해 흙의 유실을 최소화해 현재는 상추류, 쑥갓 등
의 엽채류와 감자, 당근 등의 근채류, 고추, 가지 등의 과채류를 키우고 틀밭 옆 언덕에는 허브, 화초, 숙근초
를 가꾸고 있습니다. 채소를 기르는 텃밭과 꽃을 가꾸는 정원, 텃밭 속에 정원이 있고, 정원 속에 텃밭이 있
는 텃밭정원입니다. 먹기 위해 기르는 채소와 보는 즐거움을 위해 가꾸는 꽃을 함께 심는 텃밭정원은 우리
조상들이 당연히 해오던 전통농업입니다. 자급 위주의 소농 중심이었던 전통농업에서 한정된 땅에 작물의
특성을 살려 서로 섞어 심었던(혼작) 지혜와 아름다운 꽃을 함께 가꾸는 심미안을 배웁니다.

┌─── PROGRAM ───┐

실습농장과 공동체텃밭,
화단과 정원, 비닐하우스
를 갖추고 있으며, 텃밭정
원 가꾸기 이외에 채소 화
분 만들기, 감자 파종, 생
활가드닝 등의 다양한 체
험 활동을 진행하고 있습
니다.

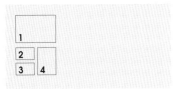

1~4. 입이 즐거운 텃밭, 마음이 즐거운 정원

특히 이곳에서 생산되는 작물 가운데 절반 이상을 복지시설에 기증함으로써 마음을 나누고, 지역의 문제를 함께 공유하는 과정을 함께 합니다. 텃밭정원, 도시텃밭에서 사람과 자연을 살리고 자연에 순응하며 농사짓는 도시농부로, 사람과 자연이 함께 자라고 있습니다. 도시 안에서 생태적인 삶을 함께 만들어 갑니다.

INTERVIEW

💬 안양도시농업포럼 _ 송유연 안양도시농업포럼 운영위원장

'경기도 도시텃밭대상' 모집 공고에 눈이 번쩍 띄었습니다. 경기귀농귀촌대학 교육과정 중간 점검을 위한 방문시에 포스터도 전달 받았습니다. '함께 가꾼 도시텃밭을 찾습니다'라는 커다란 문구가 한눈에 들어왔습니다. 회원들이 머리를 맞댔습니다. 다른 준비는 이미 다 되어 있으니 신청서는 뚝딱 마무리했습니다. 목표는? 모두가 웃었습니다. 작년부터 텃밭에 물대느라 얼마나 힘이 들었으면 이구동성으로 이런 목표가 튀어 나왔을까 하는 생각에 너나없이 웃음이 터져 나왔습니다. 신청기한 잘 지켜서 접수했는데 그만 기한이 연장되었습니다. 결국 목표를 수정할 수밖에 없었습니다. 턱걸이라도 만족하자고 말입니다. 심사가 마무리되었고, 결과는 수정한 목표대로 되었습니다. 기뻤지만, 마음 한구석에 진한 아쉬움도 같이 밀려왔습니다. 회원들이 바쁜 시간 쪼개어 참여하고 도왔는데, 운영진의 준비가 충분하지 못했던 것은 아닌가 자책도 해 보았습니다. 도시텃밭대상에 응모하기 위해 애쓰신 안양도시농업포럼 회원 모두에게 감사드리고 그분들에게 수상의 영광을 돌립니다. 또 행사를 준비하고 진행하신 관계자 분들과 심사에 참여하신 모든 분들께도 감사의 말씀을 드립니다.

흙살림 땅살림

의왕 도시농부포럼

흙살림, 땅살림, 그리고 사람살림
새내기 도시농부들이 함께 만들어가는 도시텃밭 공동체

위치 : 의왕시 학운로 7
면적 : 660m²
텃밭유형 : 모임텃밭형
주요작물 : 쌈채소, 감자, 토마토, 가지, 오이, 호박, 여주 외
수상자 : 의왕도시농부학교

"의왕농부학교는 매주 텃밭을 가꾸며 꼬박꼬박 농사에 대한 강의를 듣습니다.
농부가 된다는 건 쉬운 일이 아니며
농사에 대해 아는 만큼 사랑할 수 있음을 배웁니다."

'흙살림 땅살림'은 의왕도시농부학교 3기 실습텃밭으로 백운호수 위 산자락에 자리 잡고 있습니다. 친환경 농법의 실천을 통해 흙을 살리고, 땅을 살리는 과정을 함께 하고 있습니다. 밭을 덮고 있던 비닐을 제거하고 흙을 살리는 과정을 시작합니다. 음식물쓰레기로 퇴비를, 깻묵으로 액비를, EM으로 병충해 방지제를 만들며 살아있는 흙, 생명을 품는 땅을 만들어 갑니다.

텃밭 공부는 몸 한 구석에 숨어있던 경작 본능을 찾아내는 과정입니다. 도시에서 농사를 지으려고 하는 이유를 기본부터 다시 생각합니다. 안전한 먹을거리를 자급해 가족의 건강한 밥상을 차리는 것, 일상에 피로를 푸는 힐링, 텃밭이 가진 의미는 각기 다르지만 건강한 삶에 대한 의지는 같음을 확인합니다. 건강한 먹거리를 위해 흙을 살려야 하고 땅을 살려야 함을 알아가는 것, 그 실천이 혼자가 아닌 여럿이 함께여야 가능하다는 것을 아는 데는 그리 많은 시간이 필요치 않습니다.

PROGRAM

음식물쓰레기로 퇴비를, 깻묵으로 액비를, EM으로 병충해 방지제를 만들며 살아있는 흙과 생명을 품는 땅을 만들어 가고 있고, 초보 도시농부들이 농사가 무엇인지를 몸으로 배우고 있습니다.

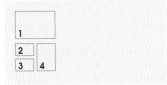

1	
2	
3	4

1~4. 여럿이 함께 만들어 가는 행복한 텃밭공동체

황폐했던 땅을 기운 차리게 하기 위한 노력을 함께 합니다. 새내기 도시농부들이 함께 어우러지는 행복한 도시텃밭 공동체에서 흙을 살리고 땅을 살리고 생명을 살리고 더불어 사는 즐거움을 배웁니다. 사람을 살리는 텃밭, 사람을 살리는 텃밭 공동체의 밑거름입니다.

INTERVIEW

초보 도시농부들의 흙살림 땅살림 _ 어유선

의왕도시농부 3기 흙살림 땅살림은 처음 농사짓는 분들이 많은 작은 동아리입니다. 텃밭 농사는 너무나 놀랍고 신기함의 연속입니다. 무엇보다도 흙이 얼마나 중요한지, 농사는 짓는 게 아니라 지어지는 것이라는 것, 겸손하게 욕심내지 않고 흙이 주는 것들을 감사히 먹을 줄 알아야 한다는 것을 배운 정말 소중한 경험이었습니다. 그런 저희의 마음과 노력을 소중히 봐주시고 이렇게 작은 동아리에 큰 상을 주셔서 너무나 감사합니다.

저희 동아리에는 좋은 분들이 아주 많습니다. 힘들어도 티내지 않고 서로의 일을 나누고 부족한 부분을 채우려 함께 노력하고 있습니다. 이런 동아리에서 함께 농사를 지을 수 있어 참 고맙습니다. 앞으로도 오래오래 저희 동아리가 함께 농사를 지으며 의왕도시농부로 살아가고 싶습니다. 퇴비를 만들고 EM으로 액비를 만들며 흙을 살리고 숨 쉬며 살아갈 수 있는 땅을 만드는 데 보탬이 되었으면 합니다. 그래서 처음의 약속과 바람대로 의왕시의 도시텃밭이 활성화되는 데 작은 밑거름이 되었으면 합니다.

도시텃밭 공동체 프런티어
현장심사단 참가후기

이은미

텃밭공모전에 심사를 하게 되어 설레임반 두려움반이 있었습니다. 텃밭을 심사하며 힘들었던 점도 있지만 많은것을 배울 수 있는 기회였던 것 같습니다.

눈을 감으며 아직도 정성드려 가꾸어 놓으신 텃밭들이 아련합니다. 텃밭들 하나하나에 이야기가 있고 정성이 가득합니다. 친환경 친환경하면서 진짜 불임부부들은 생각 못했는데 서로가 모여 텃밭에서 친환경채소들을 나누어 주며 이야기를 만들고 있는 직장인부부들도 있었고, 학교 선생님들도 남들보다 일찍오셔서 밭을 돌보고 계셨으며 학교를 전부 야생화며 텃밭 꽃나무로 직접 돌보시는 교장선생님의 열정도 보았습니다.

심사를 하며 느낀 것은 불우이웃을 드리거나 나눔을 위한 텃밭이 많았습니다. 아직은 정이 남아 있고 서로가 텃밭에서 채소들과 교감하고 서로의 마음을 위로하고 편안함을 주는것을 느꼈습니다. 모두 작은 텃밭 하나씩 가꾸시며 풍요로움과 또다른 행복을 느껴보세요.

한국마스터가드너협회 경기지부 이은미

이정임

볕 좋았던 5월의 하루, 텃밭공동체 심사를 위해서 서로 익숙하지 않은 사람들이 모였습니다. 처음 심사대상지를 나누기 위한 미묘했던 신경전은 막상 심사를 시작하고 나서야 얼마나 어리석은 생각이었나를 알게 되었습니다. 원거리라 부담스럽기만 했던 남양주와 고양시도 어느새 가벼운 기분으로 즐기고 있었습니다. 짧았지만 많이 느끼고 배웠던 시간들, 심사기준의 핵심이었던 공동체와 친환경, 그리고 지속 가능성에 대해 돌이켜보고자 합니다.

고양청소년농부학교 입구는 멀칭용으로 가득 쌓인 낙엽들이 텃밭보다 먼저 반겨주었습니다. 재래식 뒷간과 유사해 보이는 친환경 화장실 주위로는 발효 중인 소변액비통들이 늘어서 있고, 텃밭손질 나온 이웃들의 소변액비에 대한 자랑도 대단했습니다. 텃밭 중앙의 수도작을 위해서 만들어 놓은 작은 논엔 물방개, 미꾸라지를 비롯한 수서동물들이 이미 하나의 생태계를 이루고 있다는 것이 너무나 신기해서, 심사 나온 본분도 잊고 연신 질문하고 배우기 바빴던 시간들이었습니다.

과천 시니어클럽은 40대에서 60대에 이르는 공동체 회원들이 모두 나오셔서 반겨주셨습니다. 모임에서 추진하고 있는 자서전 아카데미나 과천시 맛집과 텃밭맵 작업, 그리고 소외계층을 위한 나눔 행사들은 서로를 이해하려는 노력과 이웃에 대한 배려, 나눔에 대한 공동체의 마인드를 엿볼 수 있었습니다. 텃밭 작업 후 지리산에서 공수해온 막걸리와 각자 조금씩 준비해 오신 먹거리들을 둘러앉아 한 분씩 돌아가면서 얘기를 풀어 나가시는 분위기도 인상적이었습니다. 때마침 발목을 삐어 깁스를 한 절뚝거리는 다리 때문에 남다른(?) 사명감으로 비춰져 찬사를 받았던 날이기도 합니다.

무더웠던 날씨도 잊게 해주었던 여러 텃밭을 만나면서 받은 감동과 느낌들을 팀원선생님과 의견을 나누는 과정을 통해, 나름대로 이번 행사의 의의를 정리해 봅니다. 이렇게 좋은 취지의 행사가 일회성으로 그치지 않고 지속가능 사업이 되기 위해서는 공모를 통한 격려는 무엇보다 확실한 환기가 될 수 있을 것입니다. 더불어 필요로 하는 적재 적소에 기술적, 재정적인 지원, 그리고 행사를 통하여 보았던 숨어있는 인적, 물적, 자원과 지식을 잘 활용, 배분하여 다양한 도시농업인 공동체를 형성해 나가는 것이 앞으로 추구해야할 과제가 아닌가 생각해봅니다.

더운데 고생한다고 수시로 문자와 전화로 응원해주셨던 우리 팝그린 대표님과 재단의 오과장님, 그리고 이런 귀한 기회를 주신 경기농림진흥재단에 감사의 마음을 전합니다.

(주)팝그린 이정임

최선영

저는 농림진흥재단에서 주최하신 도시텃밭공모전의 심사위원으로 위촉되어 각 지역의 여러곳을 다니게 되는 소중한 기회를 얻게 되었습니다.

심사를 나감에 앞서 새로운 곳들을 방문하며 만나게 될 사람들과 텃밭의 모습들에 기대와 제대로 공정하게 심사를 해야하는데 하는 책임감에 머릿속이 많이도 복닥복닥 했었죠. 하루를 꼬박 심사현장 담당자분들과의 방문스케줄 조정과 사전준비를 위해 매달려도 보고, 다음 날부터 현장방문을 시간 차를 두어 동선을 체크하며, 현장 방문 전에 사전연락을 드려가며 시간 쪼개기를 해가며 빈틈없는 하루 하루를 만들고, 저녁엔 함께 머리를 맞대고 오늘 심사했던 곳을 다시 떠올리며 심사협의를 마치는 등의 어느 때 보다도 알찬 생활을 해보는 기회였습니다.

여러 지역의 현장심사를 하기위해 다니는 심사위원의 입장이었지만, 도시텃밭에 대한 열정과 독특한 아이디어들이 녹아있는 텃밭현장들과 열정적인 텃밭사람들을 만나게 되면서 오히려 제가 더 많은 감동과 교육을 받는 기회를 제공 받았다는 생각이 듭니다.

각자 나름대로의 소신들과 실천의지들이 강하게 느껴졌고, 현장을 직접 보니 역시 다르구나~! 정말 이런게 진정 도시텃밭들이구나! 환경이 열악해도 이렇게 실천해 나가는 분들도 있구나!

새삼 더욱 삭막해지는 도시생활 환경속에서 도시텃밭이 만들어져 실천되어야겠다는 생각을 절실히 하게 되었습니다.

제게 이런 소중한 체험과 생각들을 할 수 있도록 기회를 주신 경기농림진흥재단에 감사드리고요. 바쁘신 와중에도 성실히 심사에 임해주신 도시텃밭 여러분들께도 큰 감사의 말씀을 드리고 싶습니다. 모든 분들의 건강을 기원합니다.

한국마스터가드너협회 경기지부 최선영

아기들의 손부터 어르신의 손까지~
참가하신 많은 분들의 열정에 감동 받았습니다.
앞으로의 도시텃밭 활동에 더 많은 발전을 기원합니다.

광명텃밭보급소 오현숙

오현숙

경기도 공공기관인 경기농림진흥재단은 이런 일을 합니다.

"도시와 농어촌을 잇는 희망의 메신저"

도농교류
도시와 농촌간 교류를 통해 상생을 도모하는 가교 역할을 합니다. 도시농업 기반구축, 도시농부 육성, 도시텃밭 공동체 구축, 도시농업 활성화, 농업농촌을 배우는 학교농장 조성·운영, 성공적인 농촌정착을 지원하는 경기귀농귀촌대학, 농업의 가치전달을 위한 도시농업콘서트, 랜드셰어 매칭 등 다양한 사업을 추진합니다.

미래농업
안전하고 믿을 수 있는 경기도 우수농특산물의 판로 확대와 소비촉진 사업을 추진합니다. 전용 판매관 개설 및 다양한 판촉전 개최, G Food Show 개최, 농업의 융복합화(6차산업화) 등으로 '희망의 경기농산물 마케터'가 활짝 웃는 농업농촌을 만들어갑니다.

친환경급식사업

친환경농산물 소비를 촉진하여 친환경농업을 육성하고, 우수한 식재료를 공급하여 건강한 식생활 형성에 기여합니다. 계약재배, 잔류농약검사 등 안전위생관리, 공급단계 축소, 녹색식생활 교육 등 친환경학교급식의 안정적 공급체계를 운영 관리합니다.

녹화사업

회색도시에 쾌적함과 활력을 불어넣는 도시녹지 조성 및 지원사업, 생활 속의 정원문화 확산을 위한 경기정원문화박람회, 경기정원문화대상, 조경가든대학, 시민정원사 양성 등을 통하여 도시의 한뼘 자투리 땅까지 푸르게 가꾸어 녹색도시를 만들어갑니다.

연인산도립공원 잣향기 푸른숲

천혜의 자연경관을 자랑하는 가평 소재 연인산도립공원을 2010년부터 관리하고 국민 건강증진을 위한 숲체험학교를 운영합니다. 또한 가평 축령산과 서리산 자락의 잣향기푸른숲에서 산림치유프로그램을 운영합니다.

'도시를 품다'

시끌벅적한 웃음소리가
넓은 들판을 채우고
자연과 더불어 자라나는
아이들의 모습

농촌과 도시 더이상 먼 곳이 아닙니다.
활기찬 농촌, 경기도가 만들어 갑니다.